庭院设计与施工全书

石艳　主编

江苏凤凰美术出版社

目录

| 新中式风格 |

| 现代简约风格 |

现代自然风格

混搭风格

新中式风格

New Chinese Style

祯祥居

项目地点： 辽宁省沈阳市
花园面积： 88 m^2
花园风格： 自然中式
工程造价： 29 万元
施工周期： 8 个月
设计、施工单位： 森波园境（沈阳）景观艺术有限公司

项目概况

项目周边建筑为新中式与托斯卡纳风格，为了确保庭院风格与房屋外观相得益彰，庭院采取了中式元素与现代简约相结合的方式，使庭院与建筑浑然天成。此外，考虑到园主的喜好，运用了一些中国传统园林手法，顺应自然地组织山水，使庭院充满生机与活力。

院子是一个矩形的小型庭院，东侧入院，北侧入户，主要活动空间处于西侧。考虑到园主喜静，为了保证私密性，给人安全感，院落的围墙均是实墙，未做过多的漏窗。

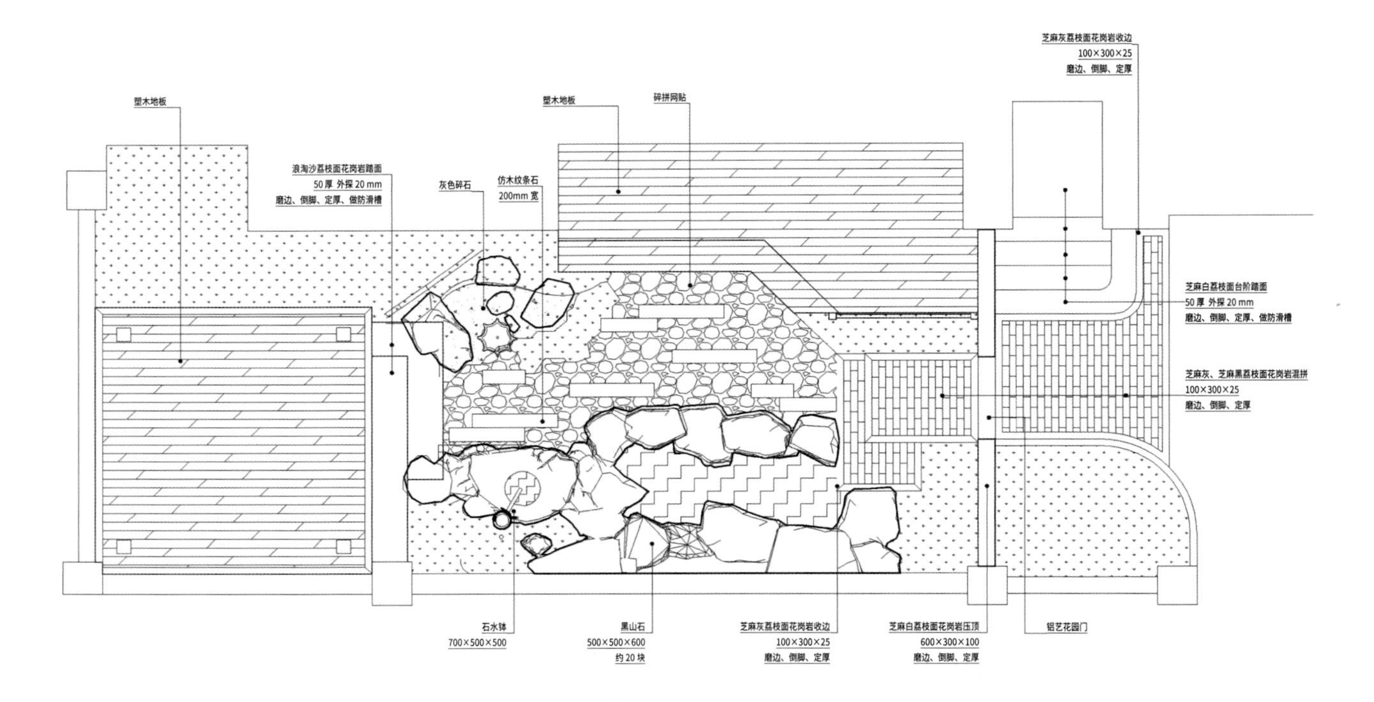

铺装平面图

注：本书图中尺寸除注明外，单位均为毫米。

设计细节

根据入户流线，在南侧靠墙的位置，运用中国古典园林手法理水叠石。由于空间较小，理水范围也不大。将石块堆叠，高低起伏、自然地围在水池周边，遵循自然山水生成的客观规律，体现了古典园林顺应自然、表现自然的思想。

由于院中不宜堆叠高山，设计师考虑将南侧墙壁改造为山水幕墙，在视觉上强化空间感受。水池中养几尾锦鲤，精心陈列些绿植，再加上水墨般的山水幕墙，无异于一幅流动的风景画。

在庭院西侧，将原有的亭子根据园主喜好设计成茶室，于帘下框景，于亭中观景，将美景引入茶室，清幽静谧。在此处待客品茗，对坐清谈，颇有“野泉烟火白云间，坐饮香茶爱此山。岩下维舟不忍去，青溪流水暮潺潺”之感，怡然自得。

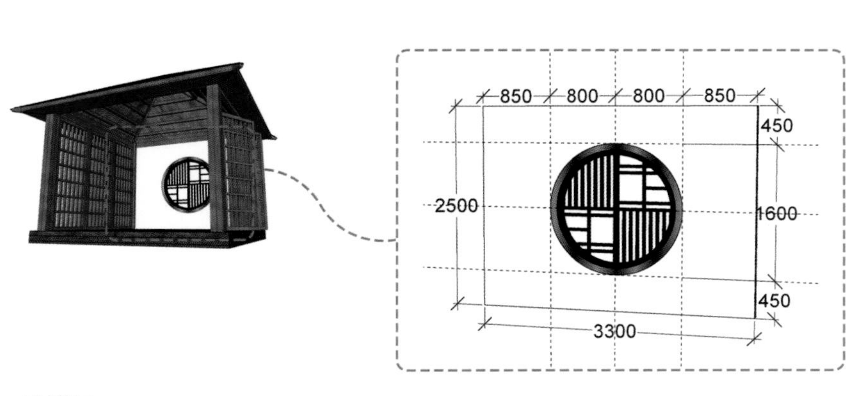

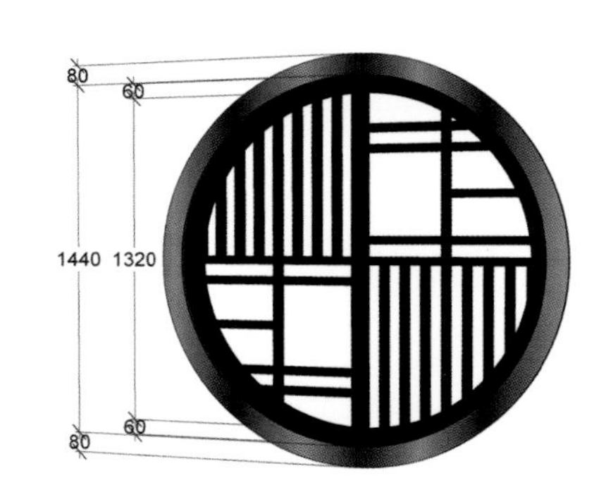

景墙详图

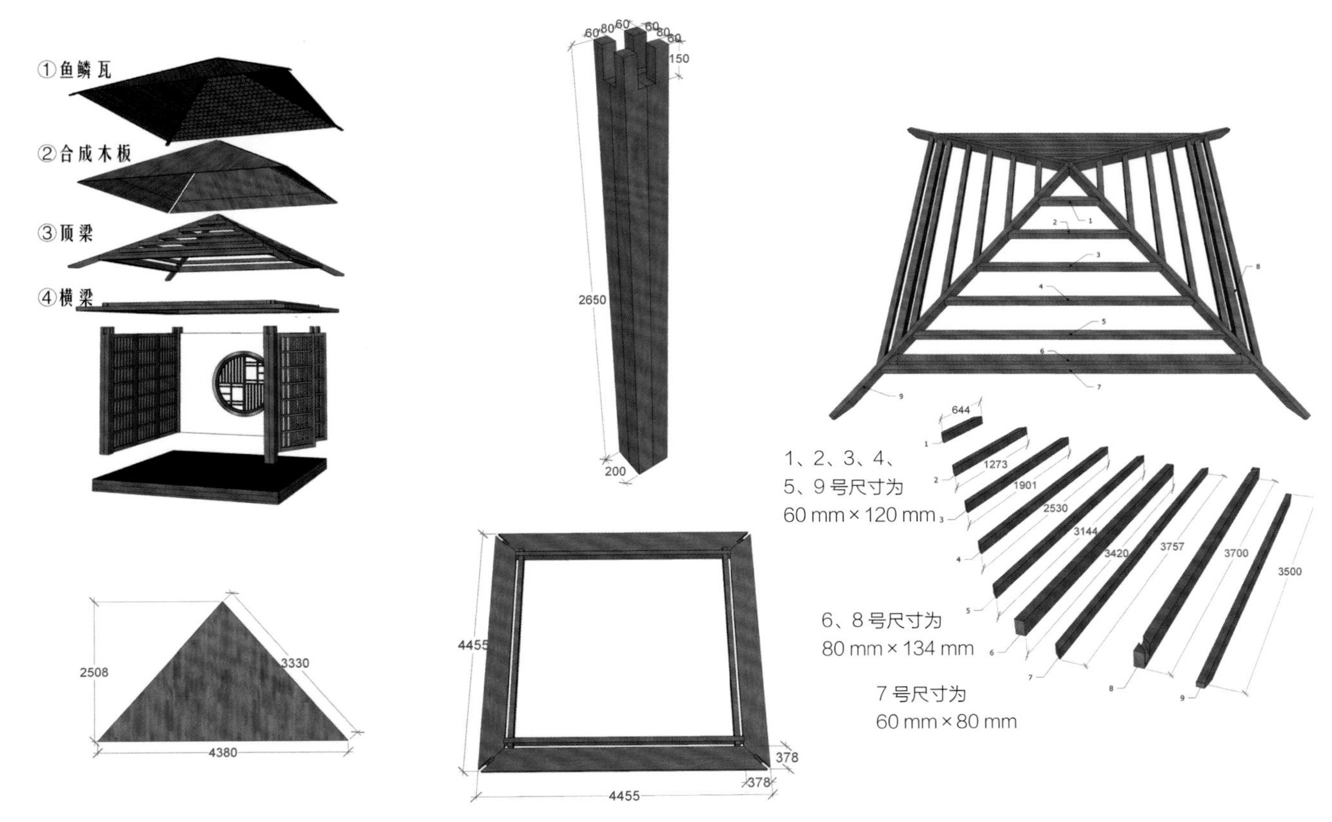

景亭结构详图

人文别墅庭院

项目地点：重庆市
花园面积：1000 m^2
花园风格：自然中式
工程造价：1000 万元
施工周期：6 个月
设计师：叶科、刘海燕
设计、施工单位：重庆和汇澜庭景观工程有限公司

项目概况

该项目所在别墅群环境优雅，人文气质浓厚，建筑物传达的气质已经从单纯的豪宅过渡到了尊贵的生活家园。为了获得更舒适的生活环境，园主购买了相邻的两幢别墅，将隔墙打通，形成环绕建筑一周的大花园。

园主喜欢自然山水，设计师根据园主的喜好将花园风格定位为山水自然式。花园呈不规则形状，存在一定高差，为营造自然山水提供了良好的基础条件。

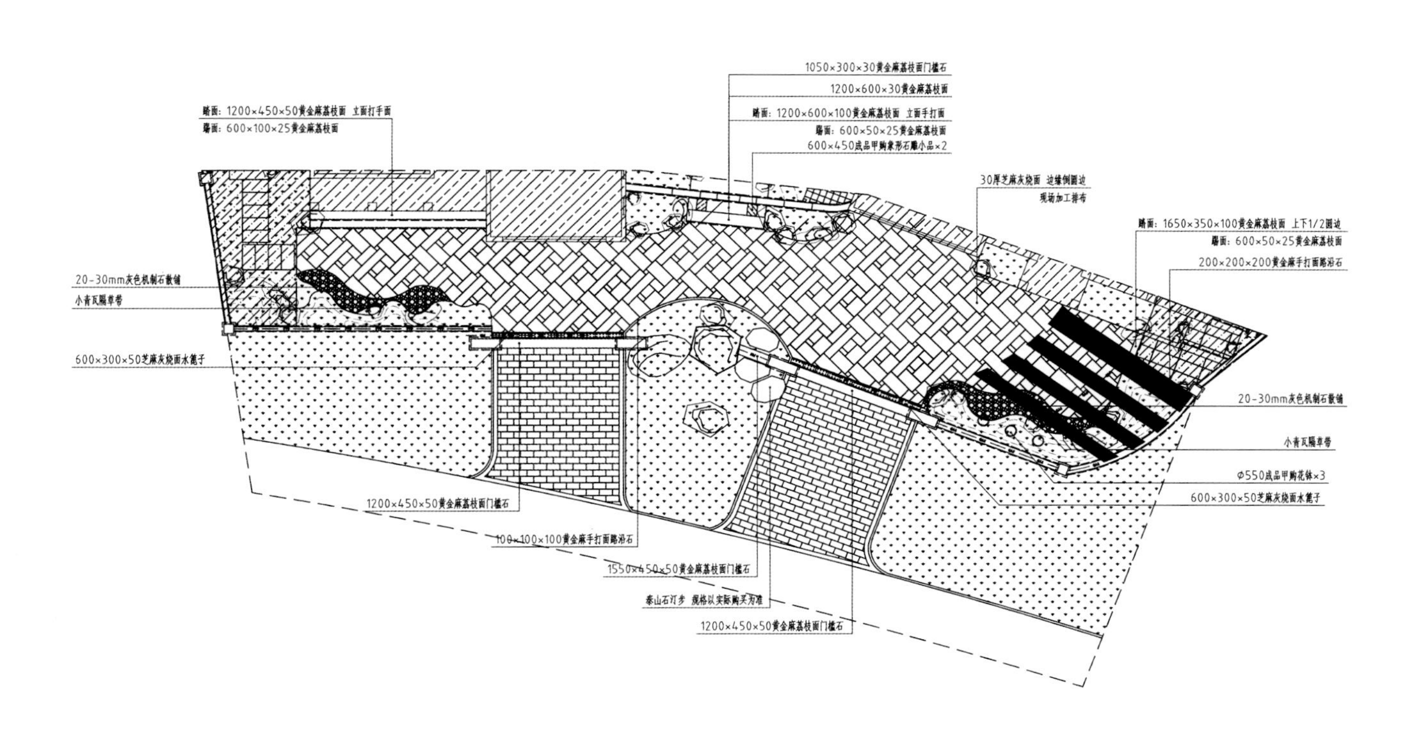

花园平面物料标注图

设计细节

前院满足停车的功能需求，以丰富的造型树、景石、小品和微地形来营造自然闲适的入户空间。根据地形高差，设计师从左、中、右三个方向打造了三条曲径通往下层的主要活动区域，道路两侧以植物和景石烘托，石阶下暖色的灯光让每一条小径仿佛都“活”了起来。

中间的小径处做了一个中式门洞，刚好可以窥见里面风景的一角，让人有探索的冲动。以月为门，借门取景，将园林景色嵌于门洞之中，犹如在月盘之上绘制的自然风景，成就诗情画意的生活。

山石间苍松掩映，水波泛出秀色，休闲区域如同把自然山水搬至眼前。茶室、鱼池、小桥、流水……每一个元素都将其特点发挥到极致，在茶室处凭栏眺望，仿若置身画中。

茶室正前方便是景石造就的山水，鱼儿在水中畅游，如遇喂食，还会跃出水面，甚是有趣。山水之间由石桥连接，站在桥上看风景，也是不错的选择。

园中还专门开辟了一片菜地，可以体验收获的乐趣。另外，在鱼池一角还特别设置了一处可以喂养食用鱼的地方，买回来的食用鱼可以在此放养，过几天再食用。

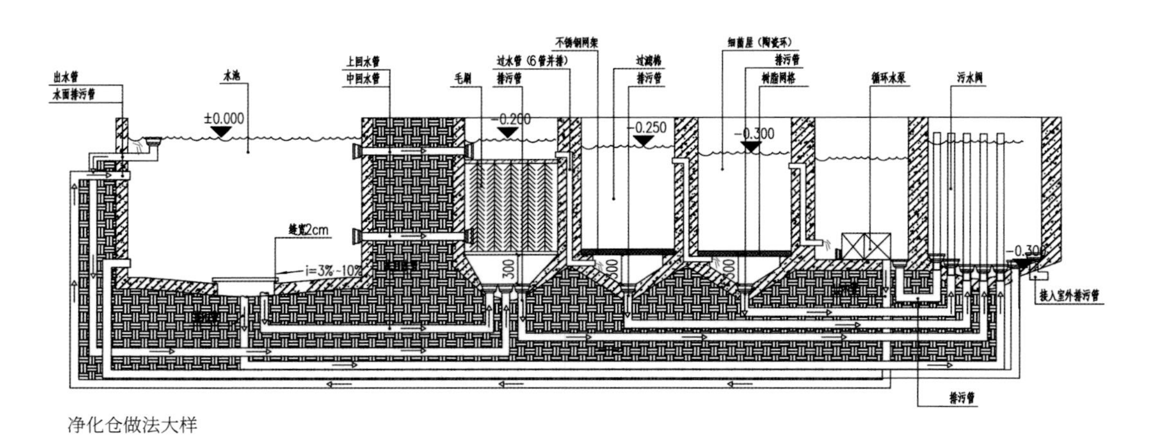

净化仓做法大样

石材栏杆立面图

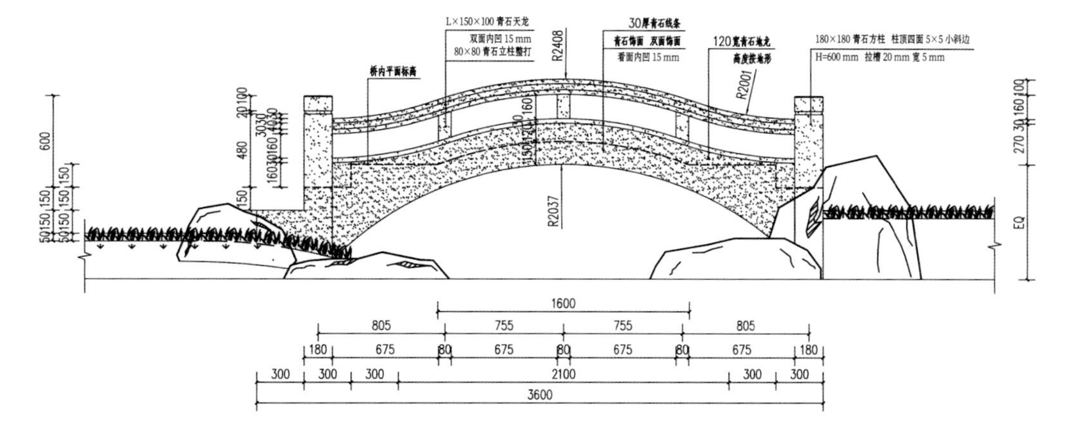

小桥立面图

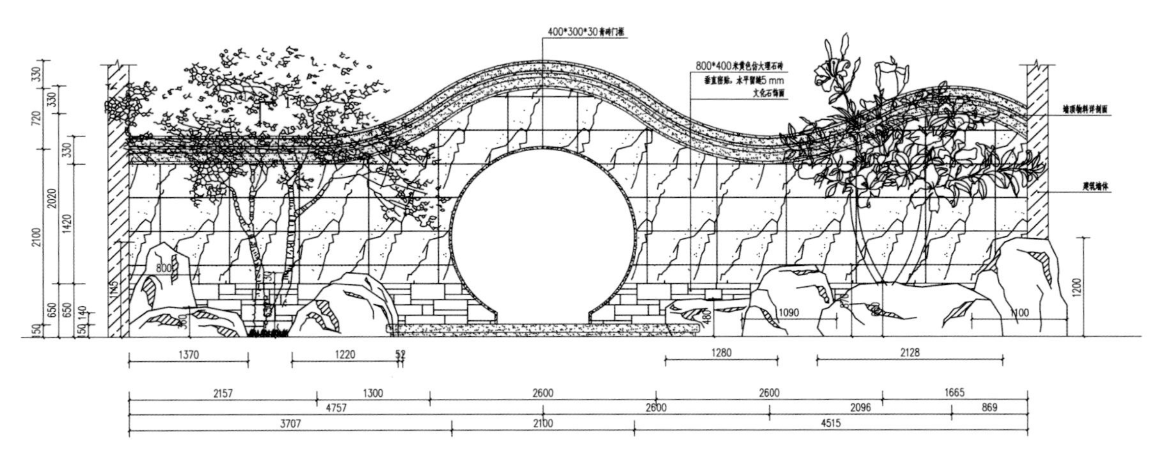

院墙立面图

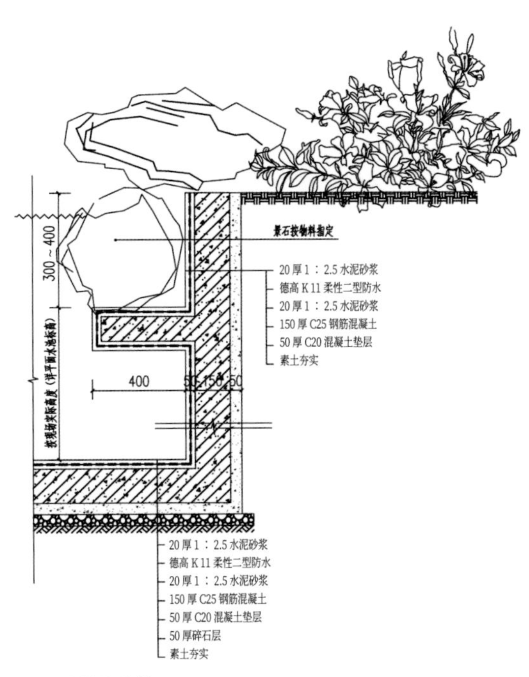

水池驳岸做法大样

春风江南

项目地点： 江苏省南京市
花园面积： 150 m^2
花园风格： 自然中式
工程造价： 35 万元
施工周期： 3 个月
设计、施工单位： 南京京品园林景观设计有限公司

项目概况

项目别墅名称带有浓浓的中式韵味，建筑为中式风格。花园主要分为三个部分，即南庭院、北庭院和中庭景观。

设计细节

进入花园大门，首先映入眼帘的是一个宝瓶花窗。与传统中式的月洞门围墙形似而又不同，此处原是一扇小小的六角花窗，经过改良，将原有的墙体采用镂空的铝艺花纹隔断来替代，中间形成一个宝瓶状，既起到分割空间的作用，又形成漏景，一入花园，景致便尽收眼底。

走过入户屏风，进入主院，右侧水景区和休闲坐凳正对着室内客厅。户外沙发座椅营造出可以喝茶聊天的空间氛围，与室内客厅功能互相呼应。

主休闲区两边设计有两个对称的长形花池，下沿设计灯带，别具匠心。池中种植造型松，营造微地形景观，层次丰富。

锦鲤水池是主院的核心景观，以弯曲的水溪形状贯穿主休闲区域。驳岸石头错落有致，呈现自然的形态，尽头靠墙是瀑布流水，水中倒影和鱼群嬉戏，颇具韵味。

水景往墙边延伸，是木坐凳和圆形中式铺装形成的一个小休闲区，和主休闲区互相呼应。坐凳后面采用堆高地形的方式，结合绿化种植，错落有致，从室内角度欣赏，如同一组优美的山水景观。

北庭院主要以满足日常功能为主，设置了菜地和种花区域，园主可以在闲暇之余体验劳动的快乐。

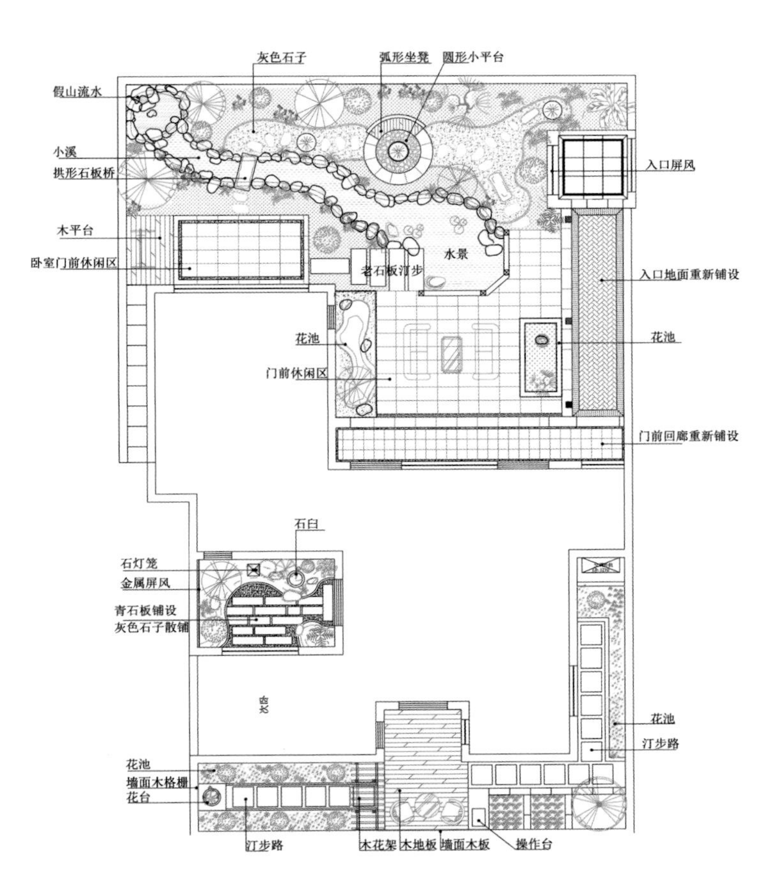

平面布置图

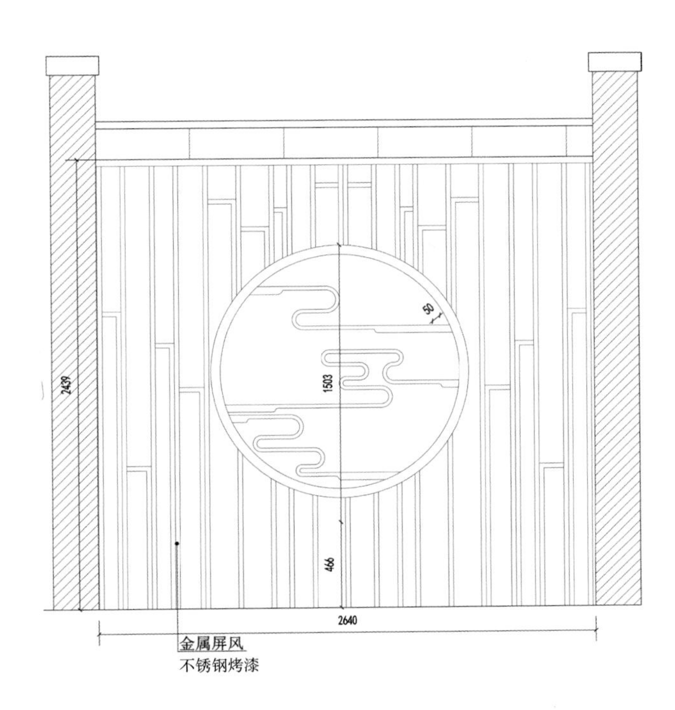

东边小院屏风立面图

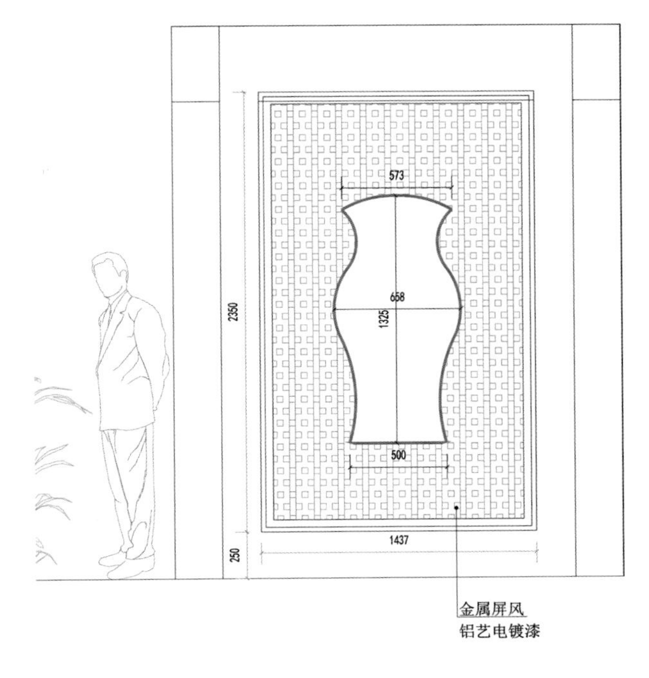

门前宝瓶屏风立面图

凡谷别墅

项目地点： 广东省广州市
花园面积： 931 m^2
花园风格： 现代中式
工程造价： 196 万元
施工周期： 12 个月
设计师： 方福成、廖育星
设计、施工单位： 广州市发记园林景观设计有限公司

项目概况

本项目位于广州市黄埔区，依山傍水，朝迎晨曦，晚待落霞，自然环境得天独厚。其背靠龙头山，前有湖泊，感觉宁静舒适，与湖光山色相依相伴。

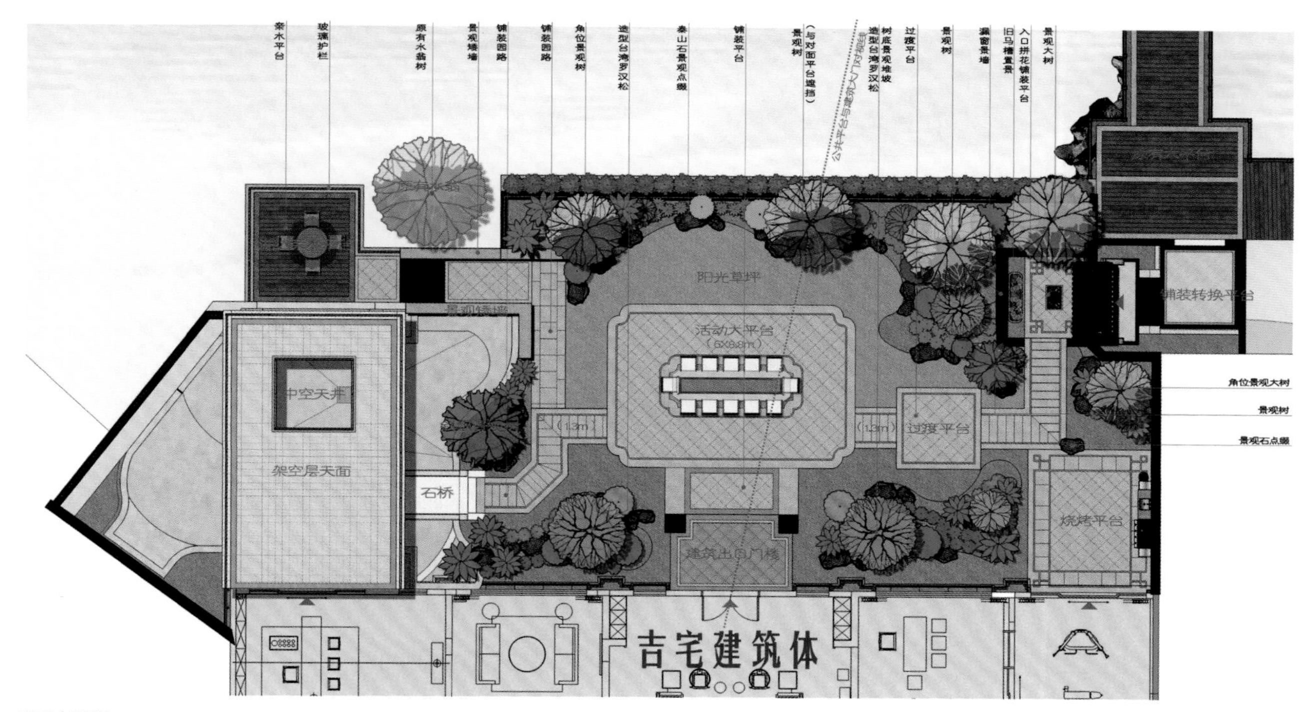

平面布置图

设计细节

设计充分利用周边自然环境，以空间功能分为湖边院、停车院、茶室天井、泳池天井、露台五大体验空间。

设计师模拟森林山泉的滴水声，将水景尽头的某个空间放大，由远及近，以此来增强整个湖边院水流的回音。景石、瀑布、流水和生动的锦鲤池花园为居者提供了一处充满温暖和互动性的体验式景观。

步入室内，视线穿透于天井，中庭山林的苔藓园安静质朴，大自然的清凉气息扑面而来，仿佛自成一个世界。由窗而望，通过室内外高度一体化的设计，将所有景色融为一体，通透的落地窗将视线感拉伸，增加了景观的层次关系。

停车院门庭一侧打造植物水景，一株优美的铁冬青伫立一旁，此处场景将实体景观抬升，用最简洁的营造手法表达雅致空间，在光影的投射下，极富立体质感。

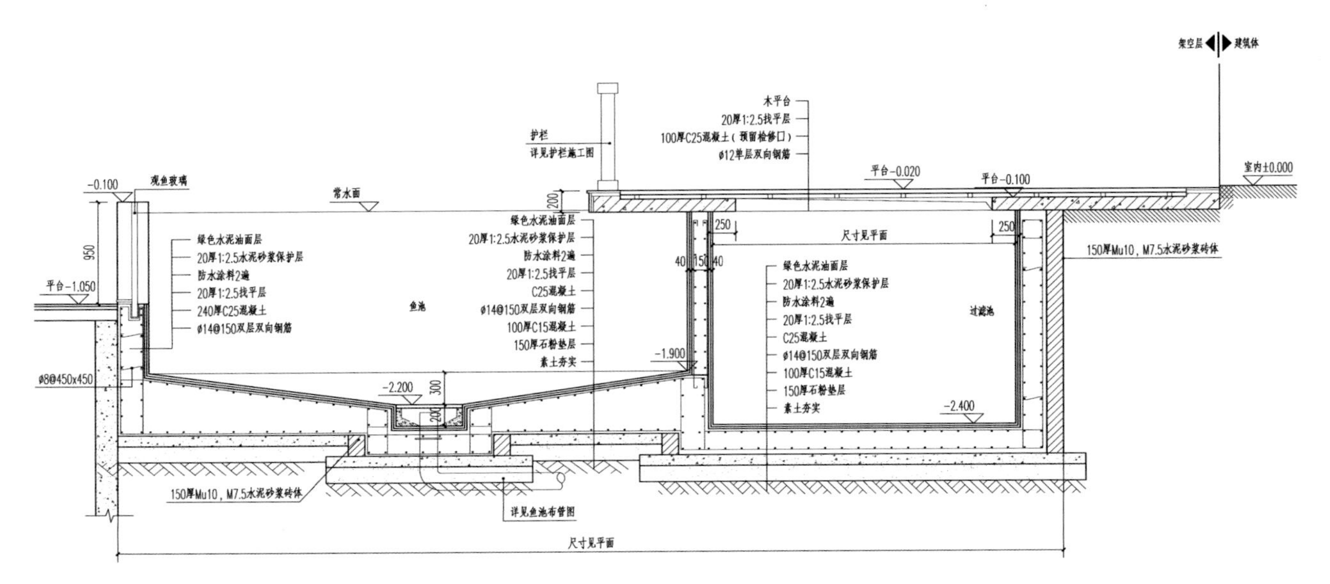

鱼池剖面图

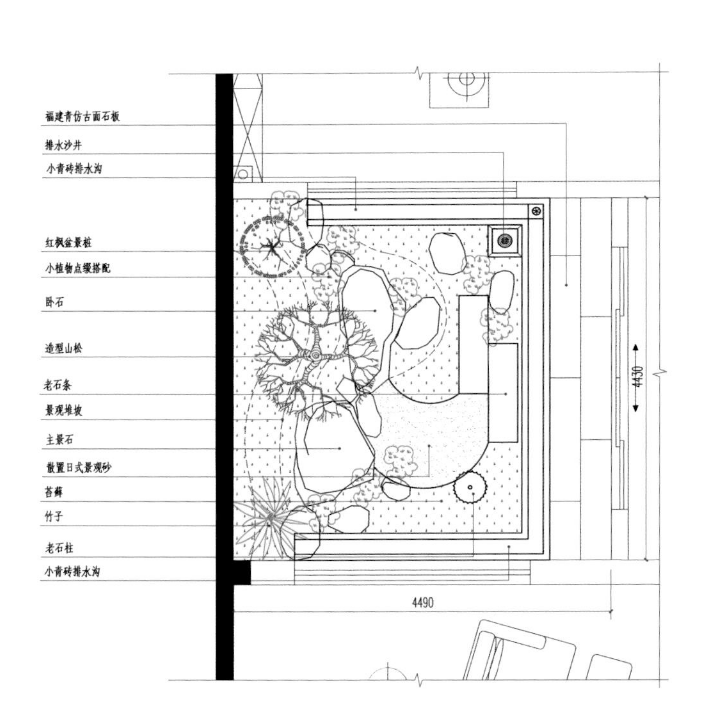

茶艺室天井平面图

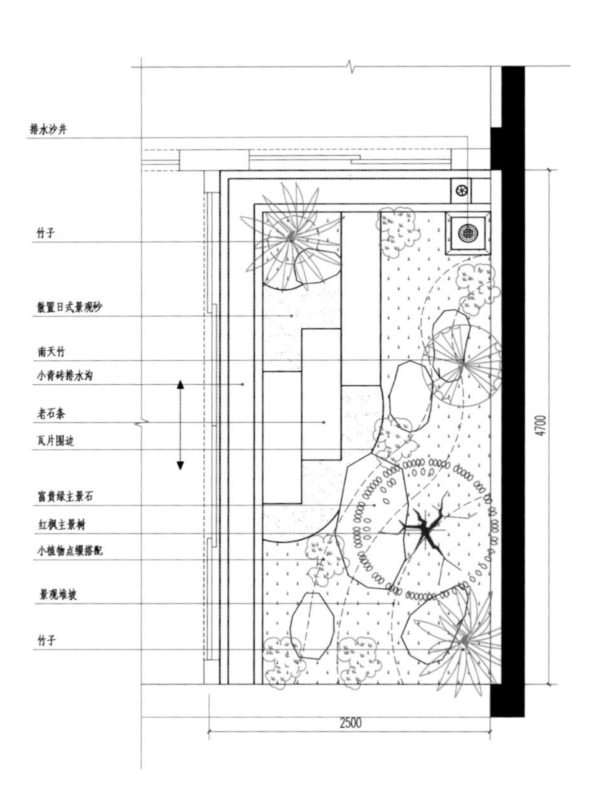

泳池天井平面图

教师公寓

项目地点： 山东省青岛市
花园面积： 70 m^2
花园风格： 自然中式
工程造价： 21 万元
施工周期： 45 天
设计师： 王金鑫
设计、施工单位： 青岛逸舍逸居景观设计有限公司

项目概况

本案为庭院改造项目，四周都是老建筑，整体格调与周围环境不太协调。园主是一位温文儒雅的男士，对花园的情怀比较高，喜欢自然而有格调的生活。

改造时保留了一棵桂花树、两棵造型黄杨，调整了太湖石的方向，让这些元素与新院落相融合，降低改造成本。

设计细节

花园南北空间较窄，但园主又想要营造山水效果，为通透视线，便在绿篱墙前设计了一面白色墙体进行色彩区分，中间开个圆洞，营造一种深远的感觉。

水从绿篱墙后发源，蜿蜒的水流一级一级跌入池中，设计师还专门挑选了几块可供落座的巨石放在岸边，可以在池边喂鱼，也可以坐在树下修禅。

院子里种植了一棵很大的枫树，撑起整个空间，塑造了空间的体积感。红枫的季相变化是让人感知节气的最好景观。院落的色彩通过景墙、植物、石头和铺装材质进行区分和搭配。

由于空间有限，汀步深入水池中，无论是大人还是小孩，都可以更亲密地与鱼儿互动。汀步上设置了一盏明灯，犹如海上的灯塔，既为安全考虑，也可作为点缀照亮空间。

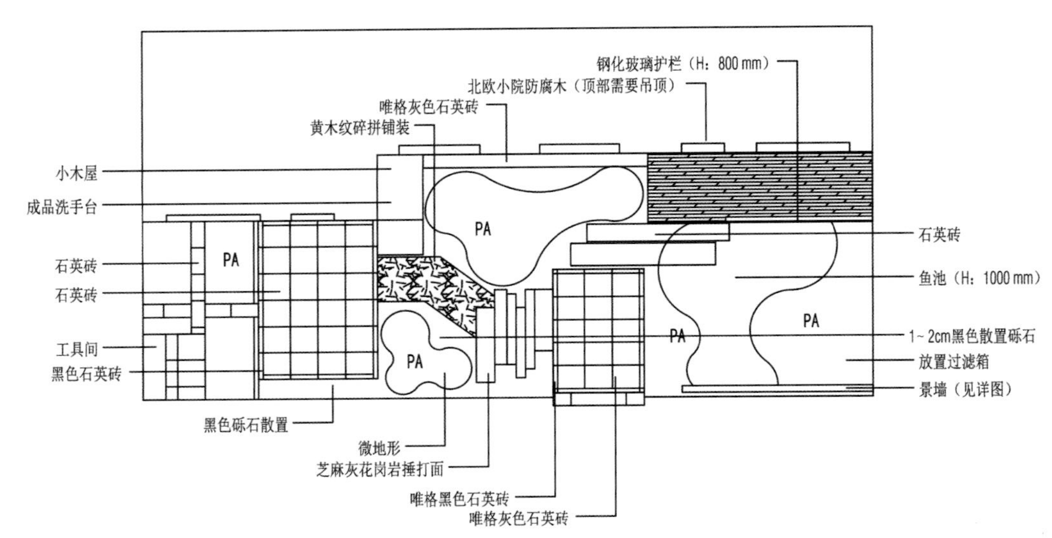

材质标注图

平面布置图

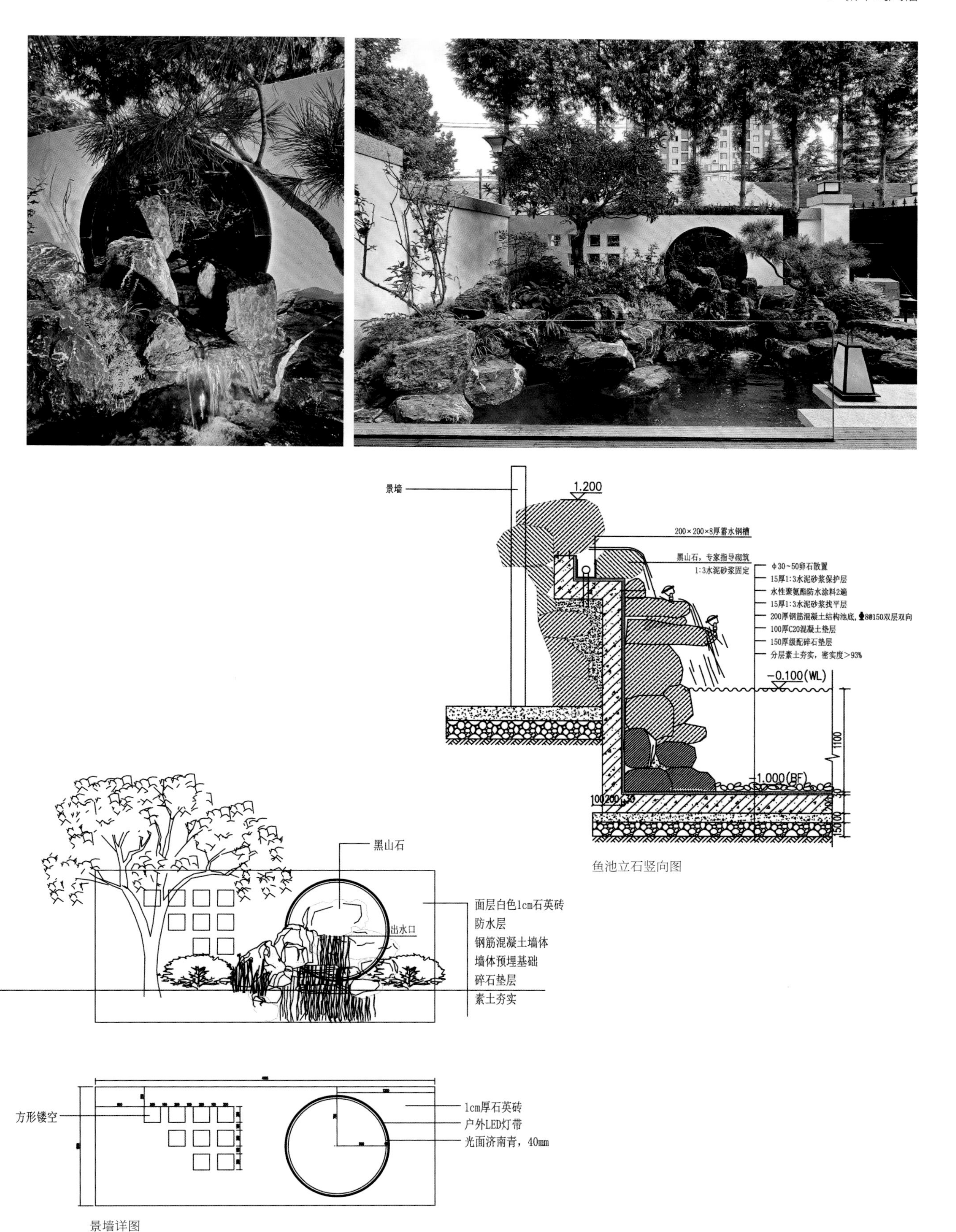

鱼池立石竖向图

景墙详图

富春居

项目地点： 江苏省南京市
花园面积： 490 m^2
花园风格： 现代中式
工程造价： 170 万元
施工周期： 3 个月
设计师： 刘歆媛
设计单位： 上海翔凯园林绿化有限公司

项目概况

园主委托我们设计庭院，于平日闲庭信步、喝茶观鱼所用。整个项目以现代中式风格为主调，展现一个季相丰富的庭院。设计结合传统中式造园手法，塑造不同场景的生活空间，以达到闲趣生活与诗意情境重叠的体验目的。

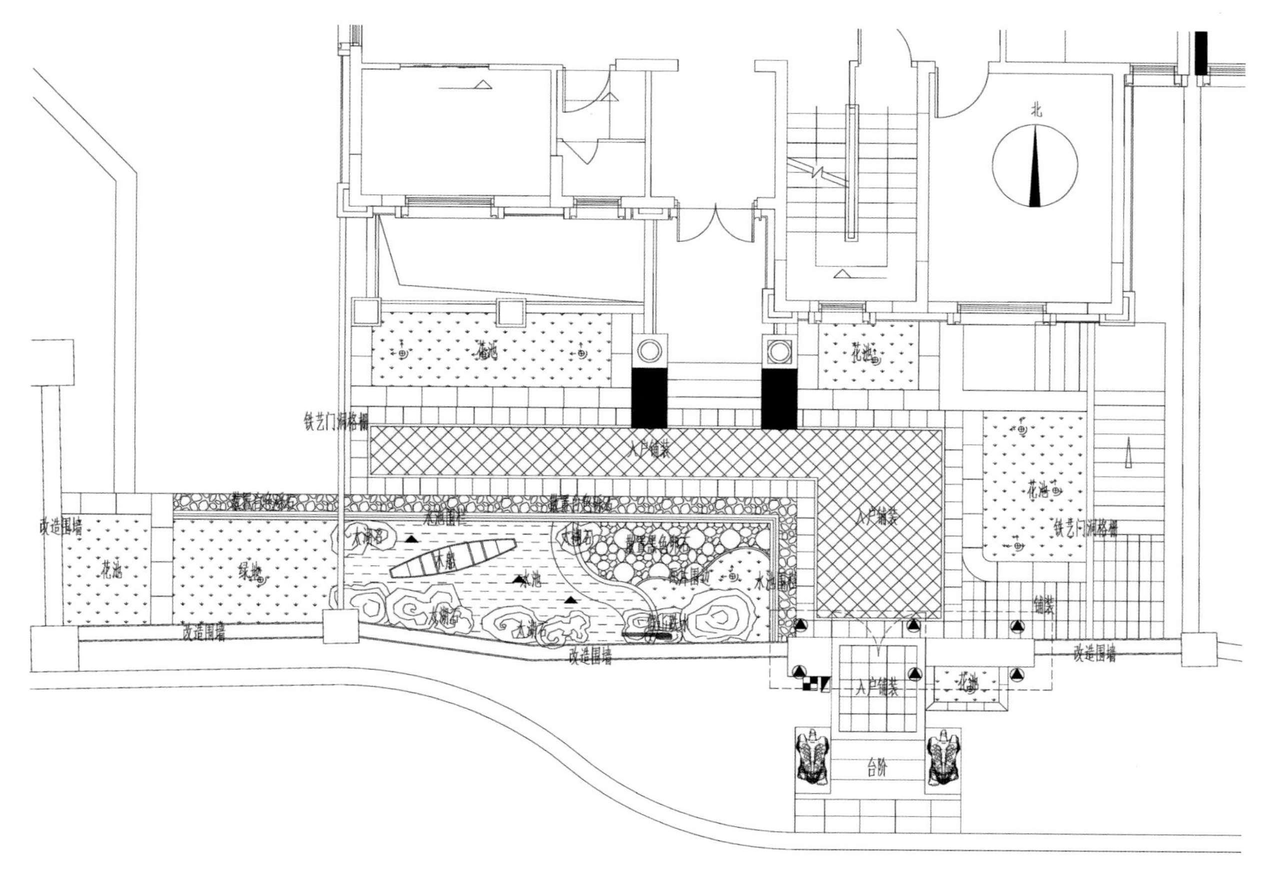

前院景观平面图

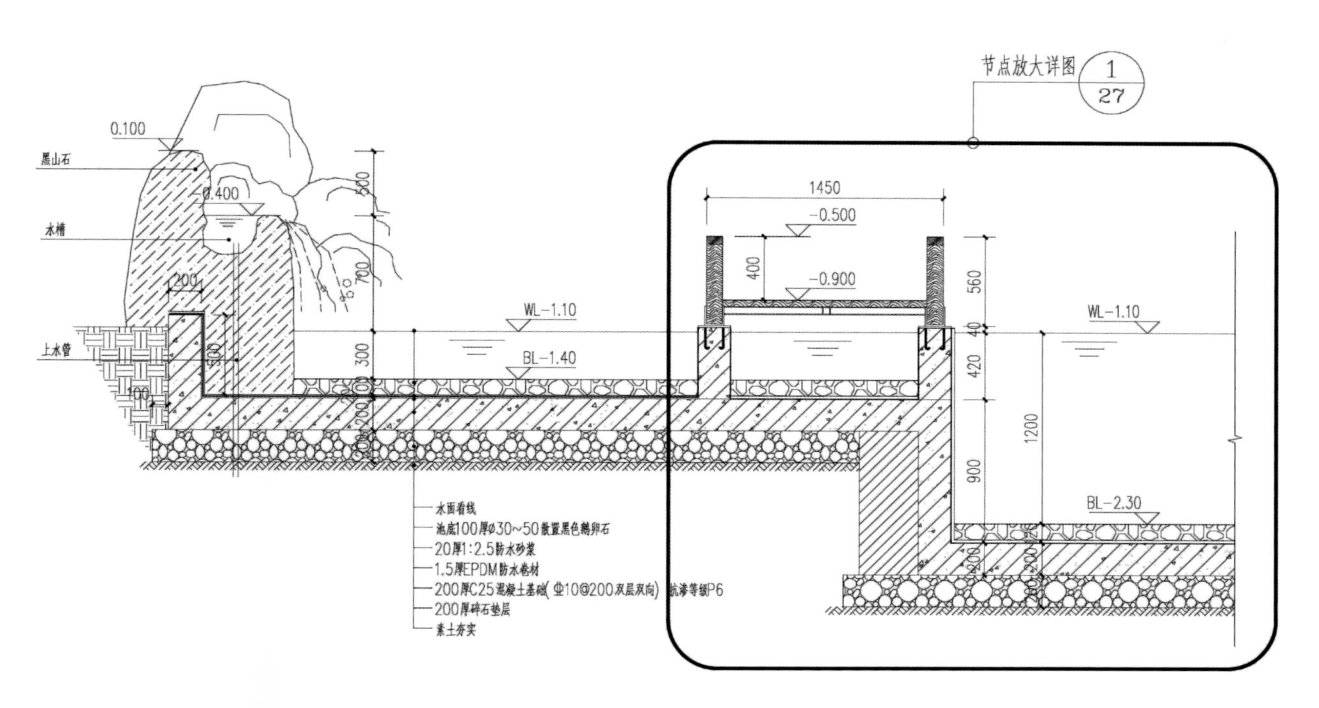

鱼池剖面图

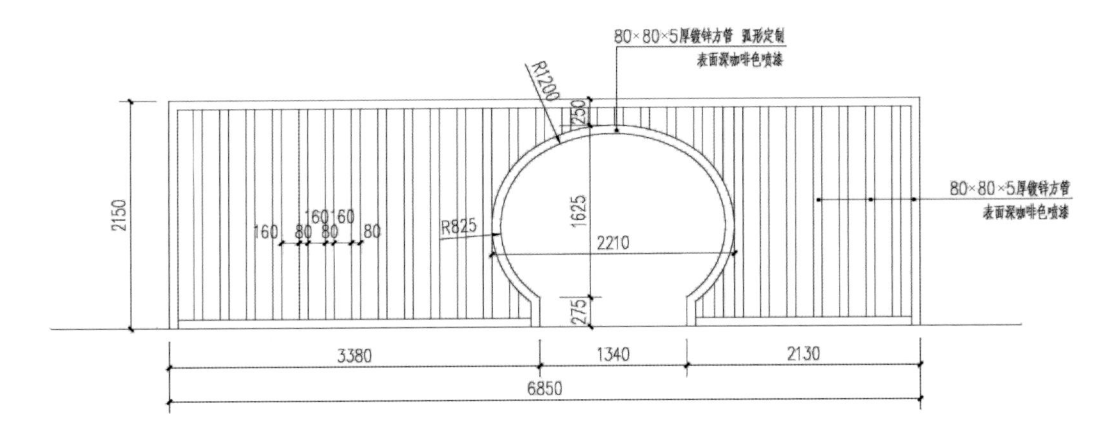
80×80×5厚镀锌方管 弧形定制
表面深咖啡色喷漆
R1200
250
2150
160
80
80
160160
80
R825
1625
2210
275
80×80×5厚镀锌方管
表面深咖啡色喷漆
3380
1340
2130
6850

格栅详图

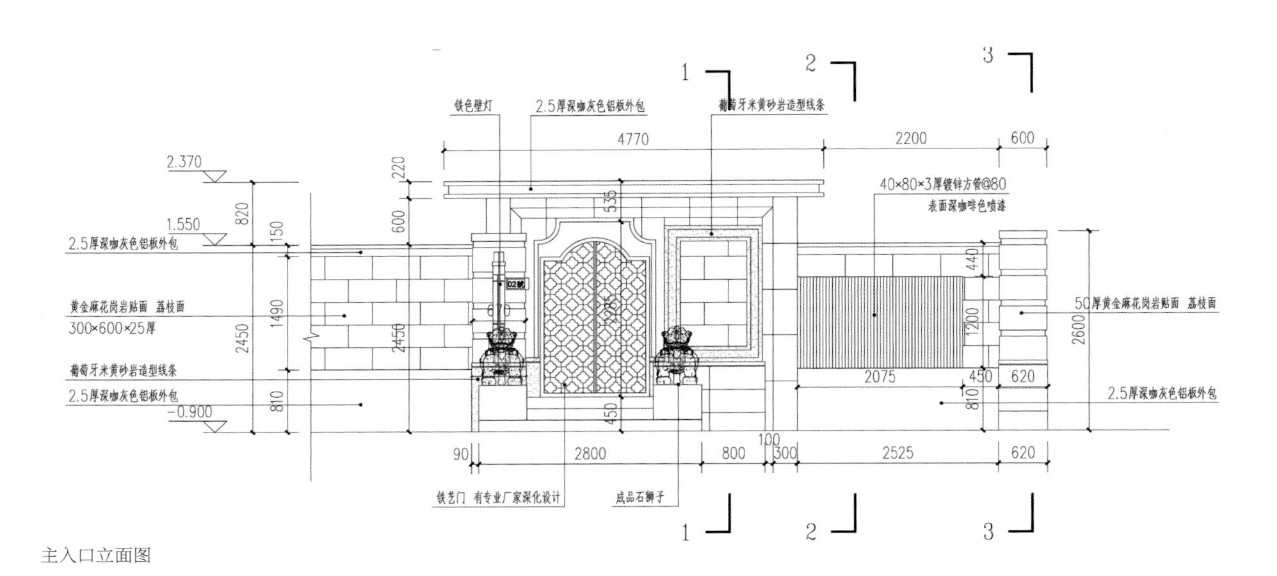
铁色壁灯
2.5厚深咖灰色铝板外包
葡萄牙米黄砂岩造型线条
4770
2200
600
2.370
1.550
-0.900
220
600
535
820
150
1490
2450
810
40×80×3厚镀锌方管@80
表面深咖啡色喷漆
2.5厚深咖灰色铝板外包
黄金麻花岗岩贴面 荔枝面
300×600×25厚
葡萄牙米黄砂岩造型线条
2.5厚深咖灰色铝板外包
50厚黄金麻花岗岩贴面 荔枝面
2.5厚深咖灰色铝板外包
440
1200
2600
2075
450
620
810
450
90
2800
800
100
300
2525
620
铁艺门 有专业厂家深化设计
成品石狮子
1
2
3

主入口立面图

设计细节

院中树下横琴，围亭煮酒。设计师利用现有资源做了高差处理，让空间内有亭有水，既可游览，也可观鱼，景色随着游园路径呈现不同变化。

庭院采取传统前庭后院的格局，先入景，后入户，多层次、立体地进行布局。前庭作为迎客的主要场地，拾级而上，门前孤植造型树，枝干伸展，有邀客入内的寓意。携景入户，一步一景，以山水为线，延伸出“明月松间照，清泉石上流”的流水景墙，形成山水交叠的曲线之美，室内外皆可欣赏。

穿过具有现代气质的月洞门来到后院，后院以休闲、接待、观赏为主要功能。因园主酷爱养鱼，并指定在建筑东边需有一湾大鱼池，故后院也围绕如何“观”鱼而展开，意图构建出“可居、可观、可游”的庭院景致。根据场地高差特点，设计师筑锦鲤鱼池，沿水造景设桥，将现有廊架改造成可观鱼、赏景、品茗的空间。

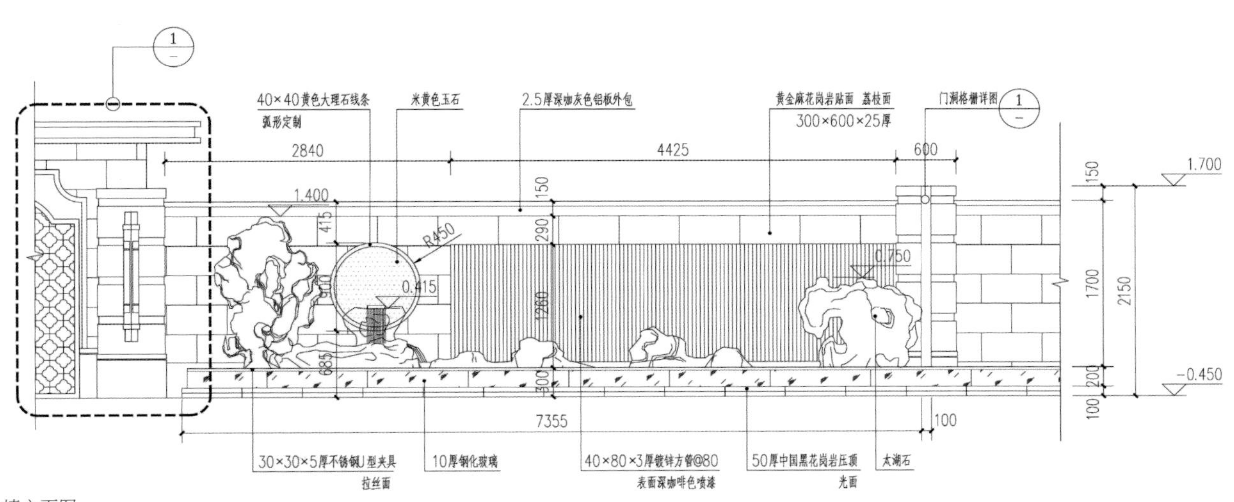

水景墙立面图

江南世家

项目地点： 广东省广州市
花园面积： 800 m^2
花园风格： 自然中式
工程造价： 130 万元
施工周期： 3 个月
设计师： 江韶兵、方福成
设计、施工单位： 广州市发记园林景观设计有限公司

项目概况

本案位于广州南湖旅游度假区内，自然环境优美。主庭院位于别墅东面，北面望湖景，南北地势呈坡面走向。现场存在的问题主要有：原庭院布置简单，缺乏主景、意境，有个小假山水池，但水质较差；植物种植较为散乱，平台缺乏保养，且陈旧失色等。

在与园主的沟通中，感受到园主对中式园林的喜爱，期待拥有山水环境，有个好鱼池，能养些名贵锦鲤陶冶性情，并满足家人休闲、温馨、惬意的生活需求。

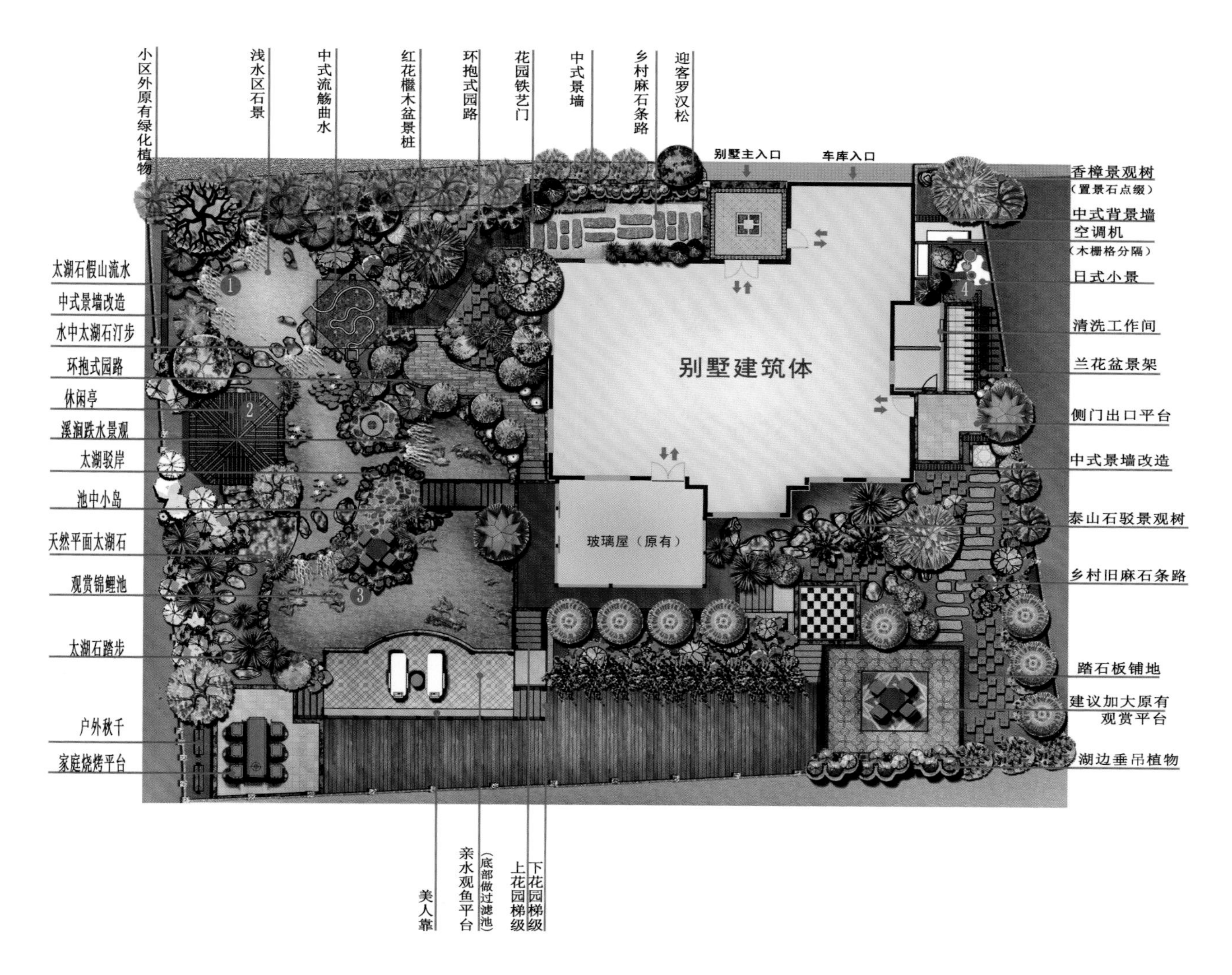

平面布置图

设计细节

本案建筑、庭院均为中式风格，根据现场地势，利用落差设计太湖石假山、溪涧跌水等自然景观，展示庭院主景。对实地进行改造，建造大面积锦鲤鱼池，利用自然太湖石驳岸，提升私家庭院景观质量。

充分利用空间，在锦鲤池亲水平台制作鱼池过滤系统，并搭建花架，增强庭院空间感，既展示出园主对自然意境的追求，又能满足亲朋好友一起戏鱼、观山、赏月的休闲需要，悠然自得。

细节设计方面，利用落差步级改成小桥涵洞，用大石叠造池中小岛、自然石板桥等，营造凭栏驻足、锦鲤戏水的诗情画卷。通过对原有花台、中式景墙的升级改造，丰富庭院文化，展现园主的古典文化涵养。

对铺装材料、主景植物等，从内容、选品、规格、造型层层把关控制，用匠心打造出一个能经得起时间沉淀的中式庭院景观。

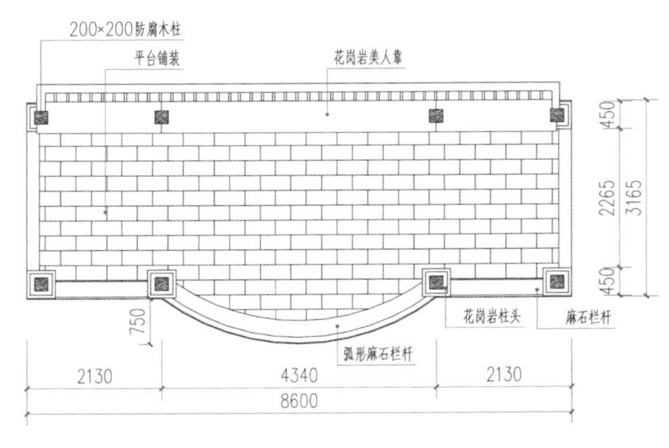

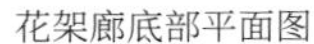
花架廊底部平面图

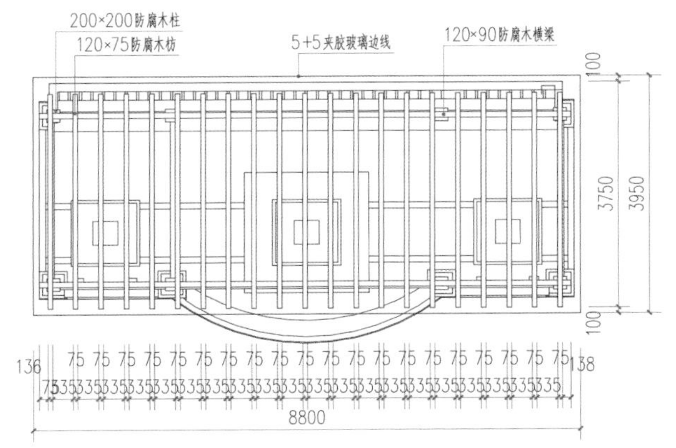

花架廊平面图

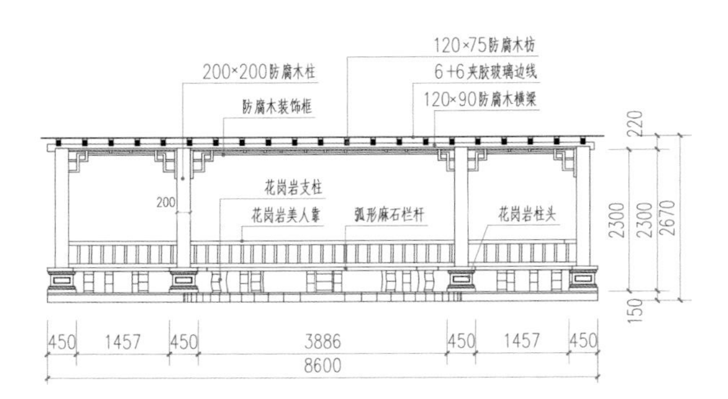

花架廊正立面图

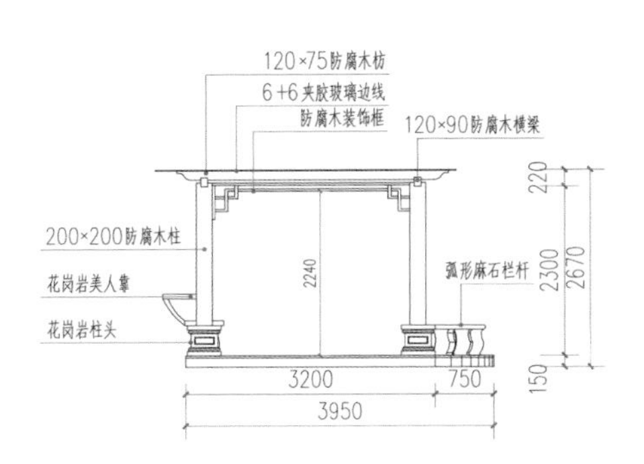

花架廊侧立面图

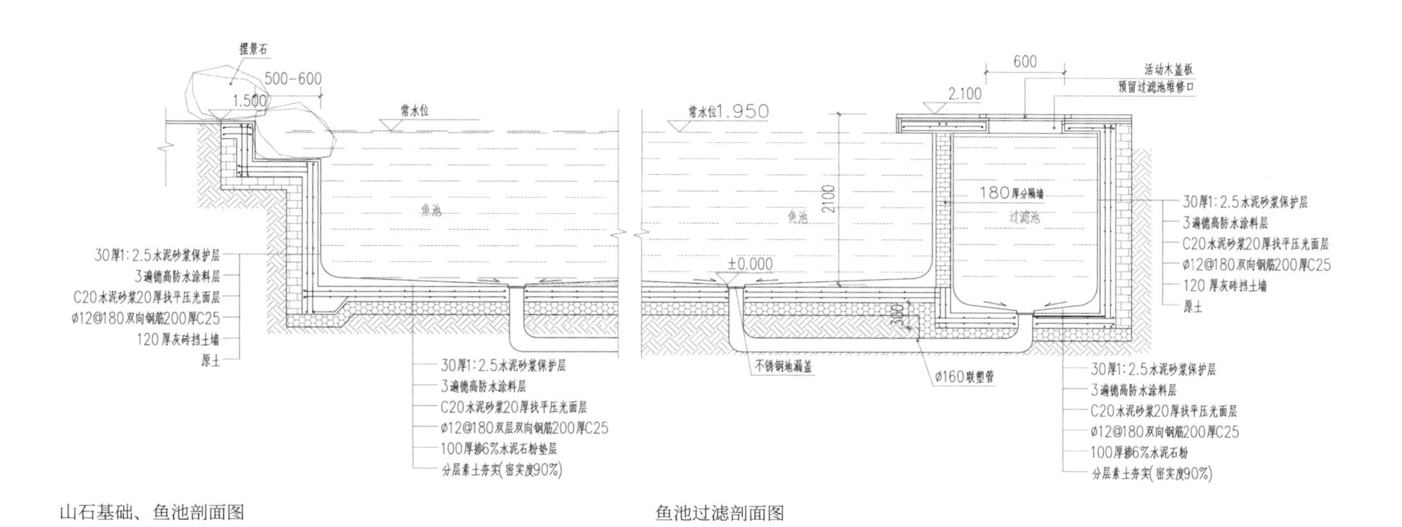

山石基础、鱼池剖面图

鱼池过滤剖面图

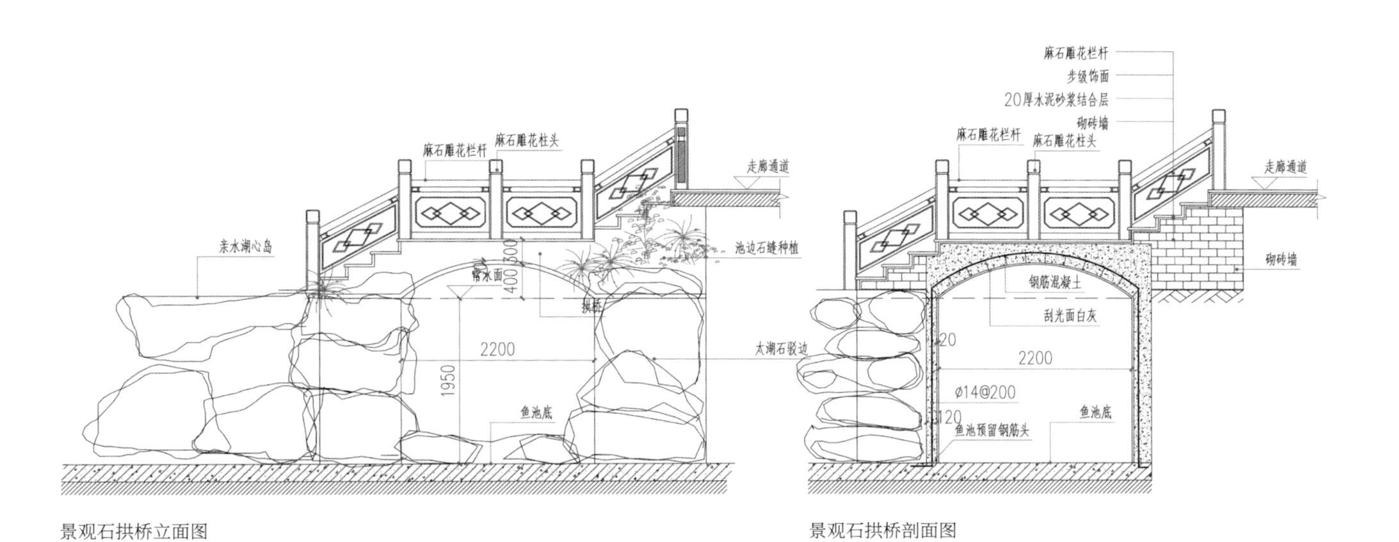

景观石拱桥立面图

景观石拱桥剖面图

龙湖原山

项目地点：江苏省常州市
花园面积：245 m^2
花园风格：现代中式
工程造价：95 万元
施工周期：5 个月
设计师：祝进军
设计单位：悠境景观设计工程（常州）有限公司

项目概况

本案呈典型的 L 形布局，分为两个主要区域——南院和东院。园主日常工作繁忙，无暇打理庭院，希望整体设计能干净清爽，呈现一定的山水韵味，与自然握手相拥。满足基本功能需求，让庭院不仅成为家在空间上的延伸，也能承载情感上的延展。

设计细节

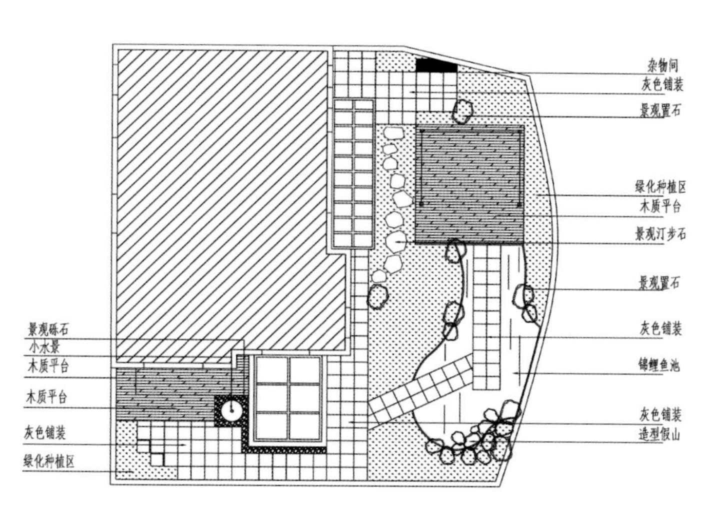

平面布置图

庭院分布错落疏朗，东院的幽深雅韵与南院的现代秩序形成风格对比，彰显出现代精致与新中式的水乳交融。

材质选择方面，以咖色铝合金院门门头、同色系围墙栏杆、木质户外地板、自然叠石鱼池、灰黑色砾石片岩、自然面石板汀步等构建自然庭院。羽毛枫与黑松、茶梅、山楂、枇杷树交叠呼应，花果时节，清香袭人。

南院场地平坦，阳光充沛，是居室的延伸。整体设计简洁干练，错综的大平台及台阶、灰白色石英石铺装等空间辅以涌泉与绿化组团，一动一静，相辅相成，还原了一个美观与实用兼得的体验空间。

如果说南院是简洁的信步观赏区，东院则是一片视野开阔的休闲赏玩区，同时也是餐厅和楼上卧室俯瞰的窗景，以黑松环抱假山，山水相依。延伸至鱼池的挑台，既可近山观水，又可亲水喂鱼。

锦鲤鱼池、黑山石假山、生态房等内容撑起东院花园骨架，水景灵动了空间。建筑顶部可翻转且四周配有防风帘的生态房，将舒适度拉满，主人可闲坐在此，享受自由，品味幸福。

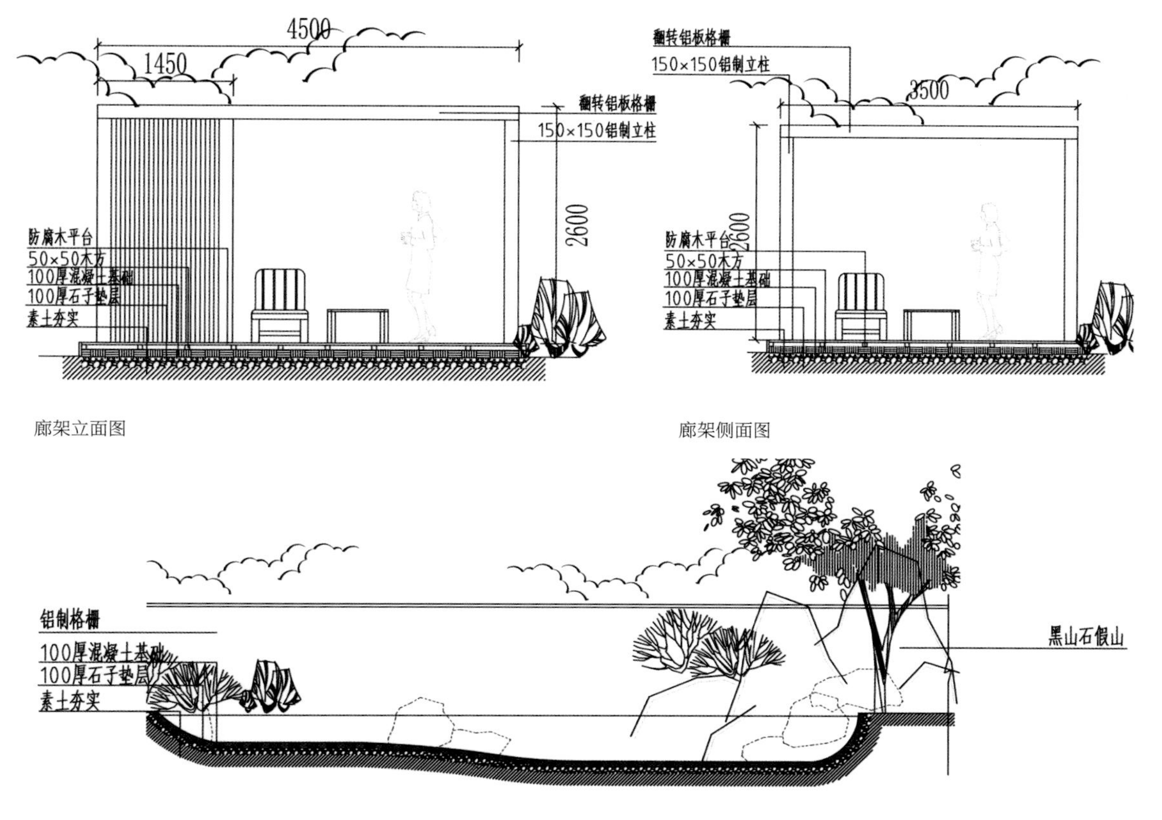

廊架立面图

廊架侧面图

景观鱼池剖面图

绿城运河宸园

项目地点：浙江省杭州市
花园面积：110 m^2
花园风格：自然中式
工程造价：116 万元
施工周期：8 个月
设计师：张明智
设计、施工单位：杭州原物景观设计有限公司

项目概况

园主崇尚自然，追求意境和含蓄的景观感受。庭院面积不大，希望在有限的空间内打造一处自然美景。青砖黛瓦、木门铜锁、卵石园路、阳光草坪、石钵以及竹流水，就是园主想要的样子。

平面布置图

设计细节

庭院大体分为两个区域——观景亲水区和休闲活动区。区域之间采用院墙、月洞门等中式元素进行分割与衔接，园路曲径通幽，自然过渡。

观景亲水区设假山鱼池和观景平台，配以跌水、鱼池和绿化，营造丰富的视觉感受。

假山体态婀娜，通过借引自然之形，效仿自然之性，以自然的手法营造瀑布跌水，彰显古典的形态和韵味。假山旁种植鸡爪槭，季节更迭之时，可呈现出不一样的美景。

休闲活动区中设茶亭，可透过月洞门看假山流水，又形成了框景，可谓“建造框景，景亦框造。画深成景，景深有框”。

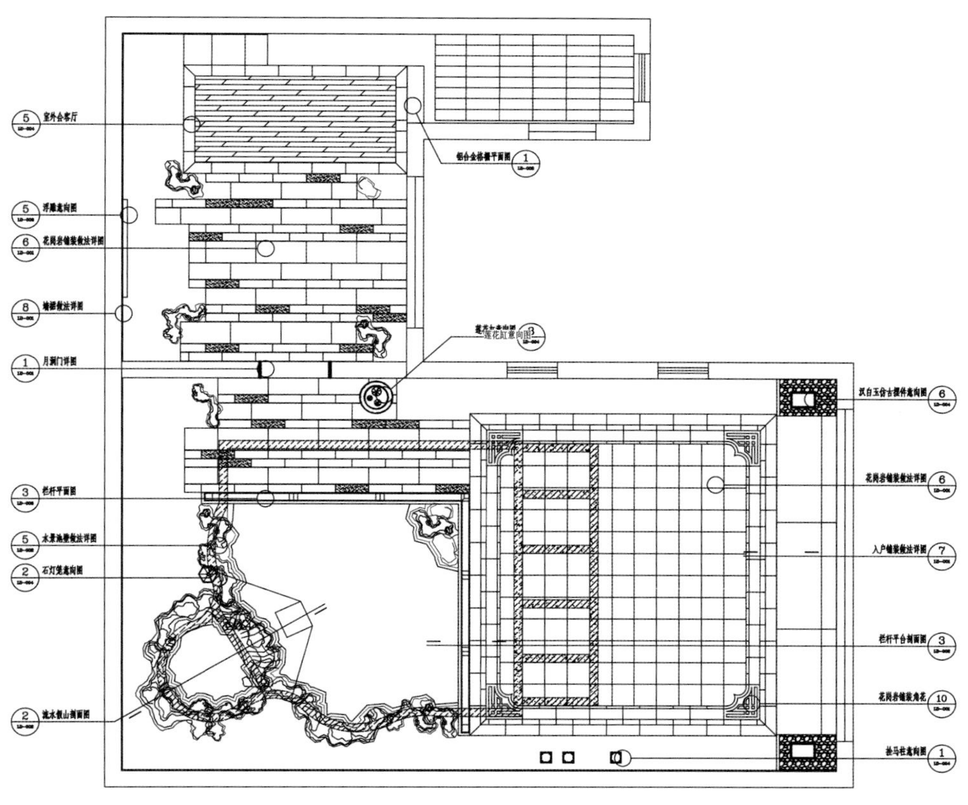

平面布置图

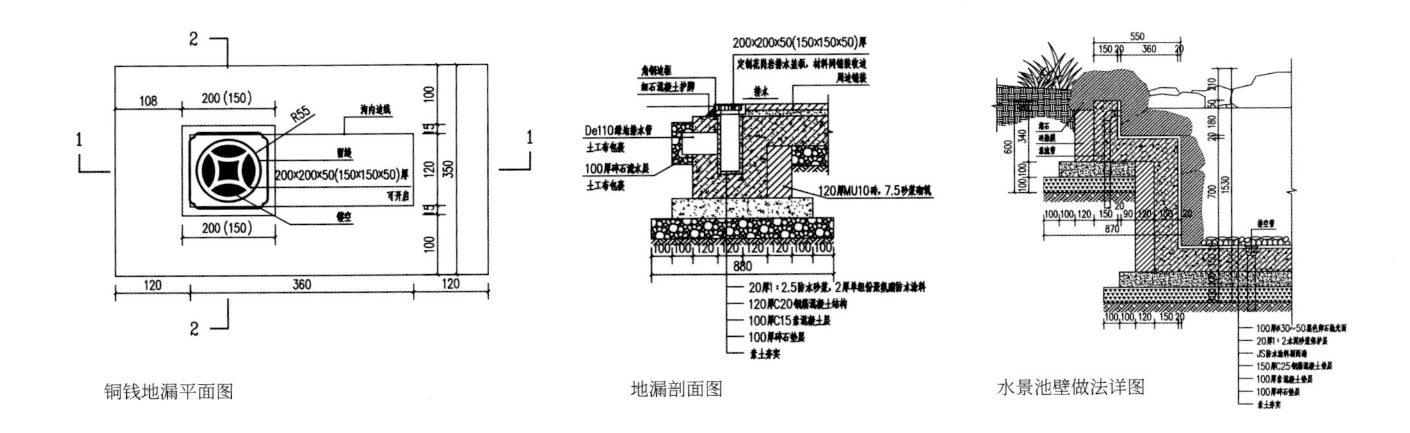

铜钱地漏平面图　　地漏剖面图　　水景池壁做法详图

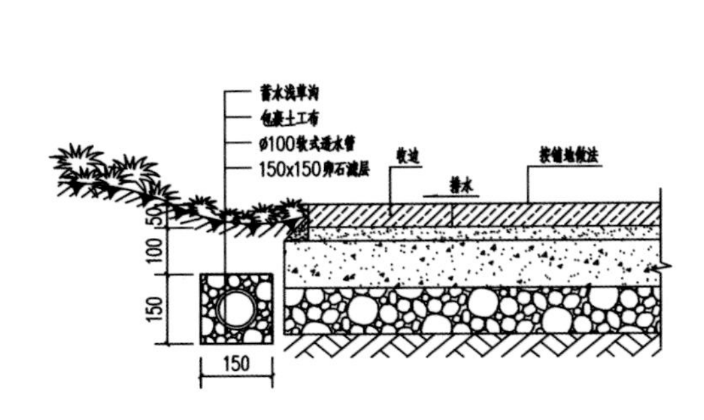

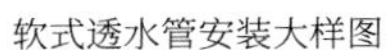
软式透水管安装大样图

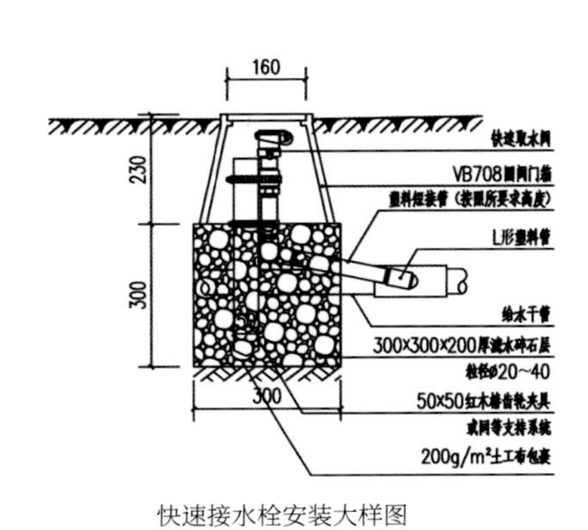

快速接水栓安装大样图

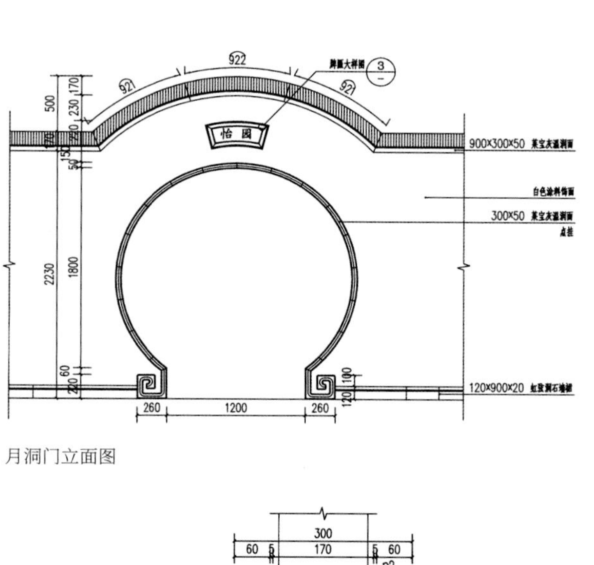

月洞门立面图

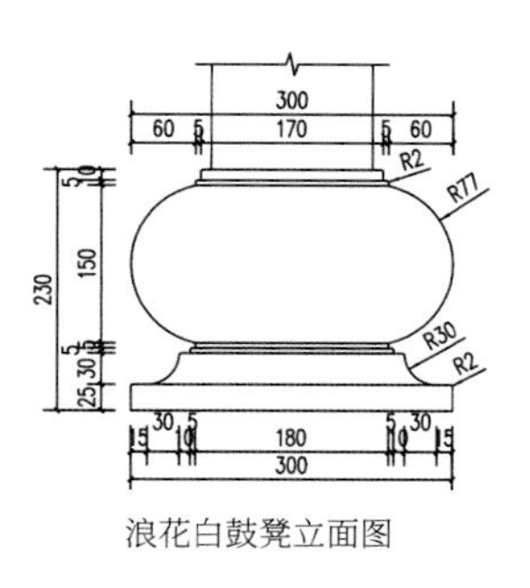

浪花白鼓凳立面图

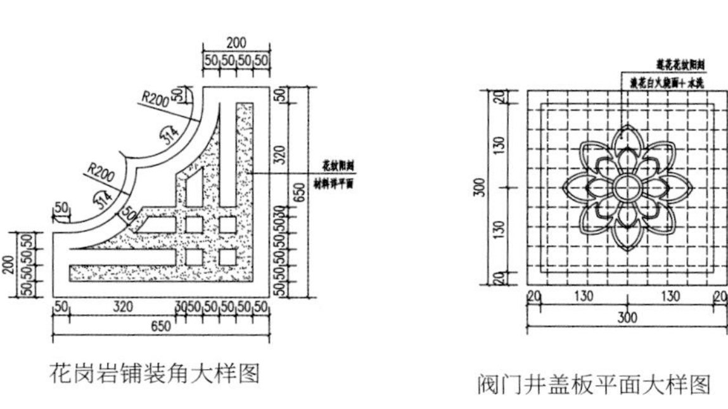

花岗岩铺装角大样图

阀门井盖板平面大样图

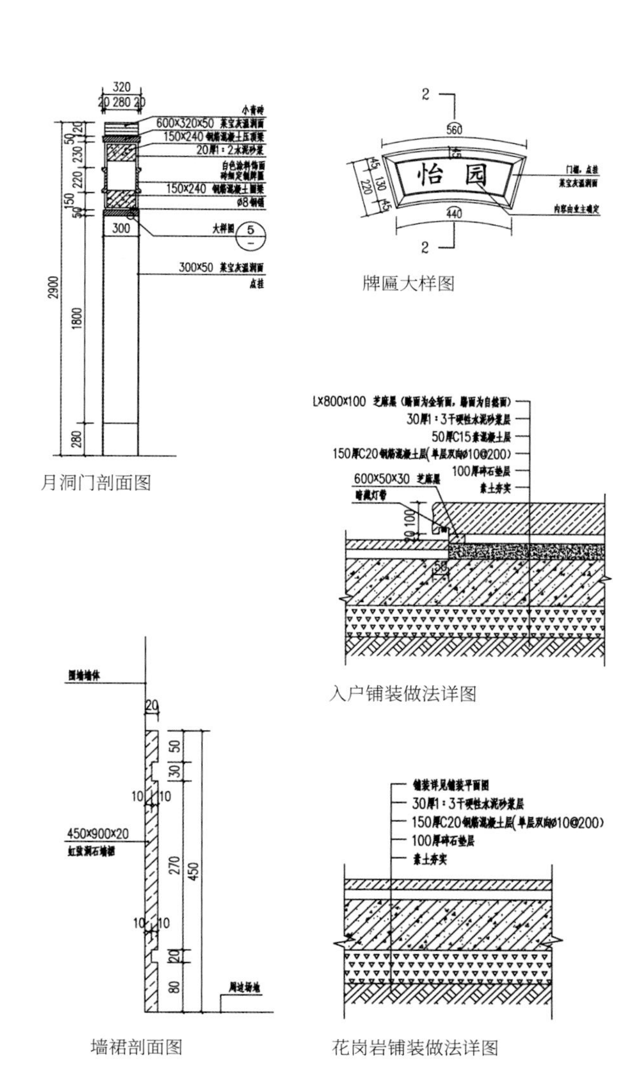

月洞门剖面图

牌匾大样图

入户铺装做法详图

墙裙剖面图

花岗岩铺装做法详图

名家花园

项目地点：江苏省南京市
花园面积：900 m^2
花园风格：现代中式
工程造价：140 万元
施工周期：9 个月
设计、施工单位：南京京品园林景观设计有限公司

项目概况

该花园面积较大，几经折腾，但效果始终不太理想。园主希望通过此次改造，将花园总体格调定位为简约中式，以大水面为花园核心景观。

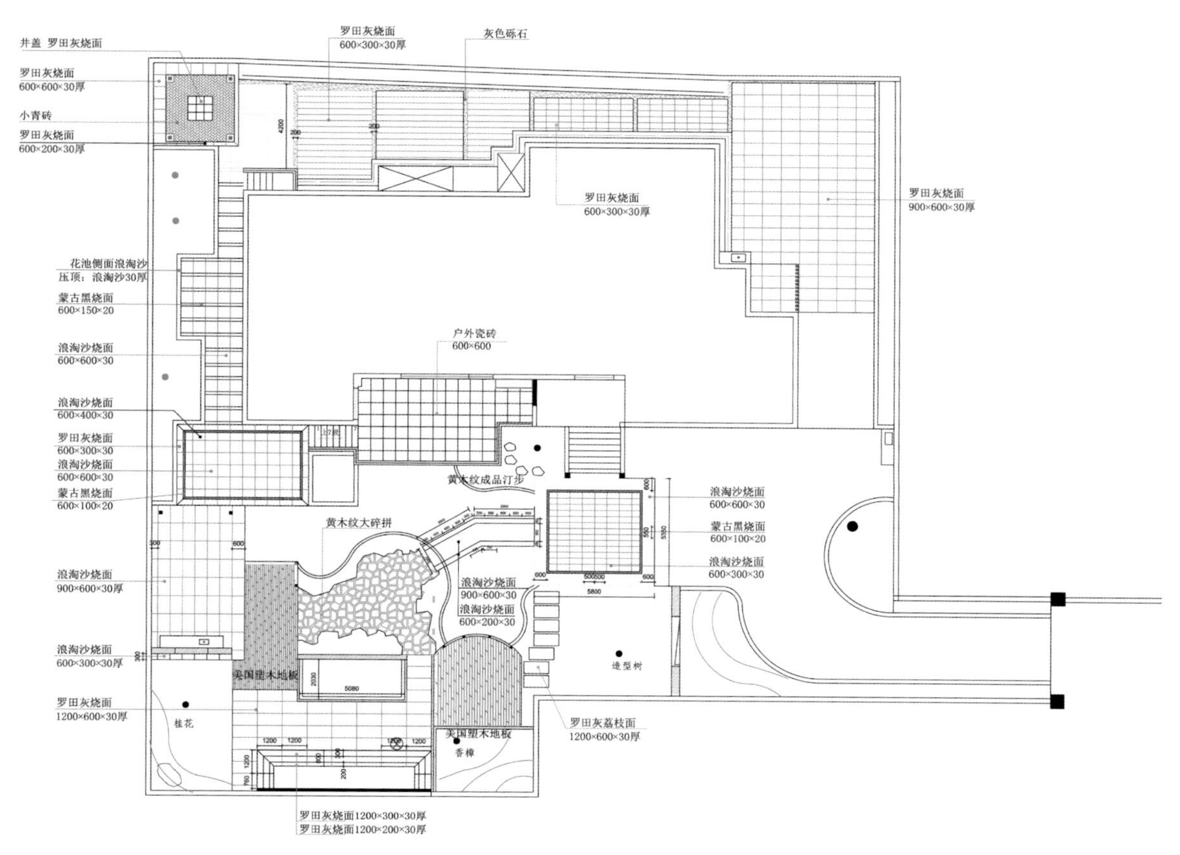

铺装材料图

设计细节

项目客厅的露台原本较窄，设计师扩大面积，让其成为可以摆放户外家具的大露台，从客厅出来就是户外休闲区。扶手采用了玻璃材质，方便景观引入室内。露台上方还设计了一个电动遮阳帘，不用时可以完全收起。

花园分成三个休闲分区，除露台外，还有西侧围墙处的金属凉亭和南侧大树下方的弧形木质平台。

门口设有镂空屏风景墙，进入花园，即能通过镂空看到花园，就像是看到一幅带框的风景画。

花园的水系是核心，将不同功能区联系到一起，身处不同位置，呈现不同的视觉效果。水池驳岸自然弯曲，变化丰富，上面设有一座曲折的石板桥。小桥南侧浅水区里种植有荷花，行走至塘中，呈现出曲径通幽的意境。

休闲凉亭为钢结构，顶面采用铝板吊顶，中间用镂空玻璃镶嵌，阳光可以随意射入亭内。凉亭南侧为圆洞墙面，具有框景的作用，透过圆洞看出去的景观也非常漂亮。

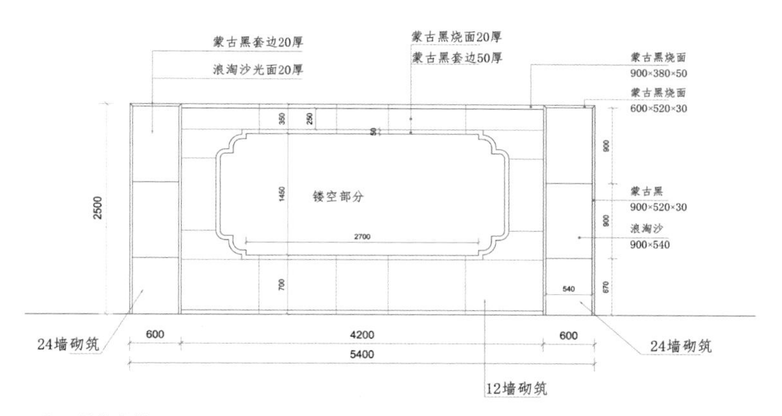

入口景墙砌筑

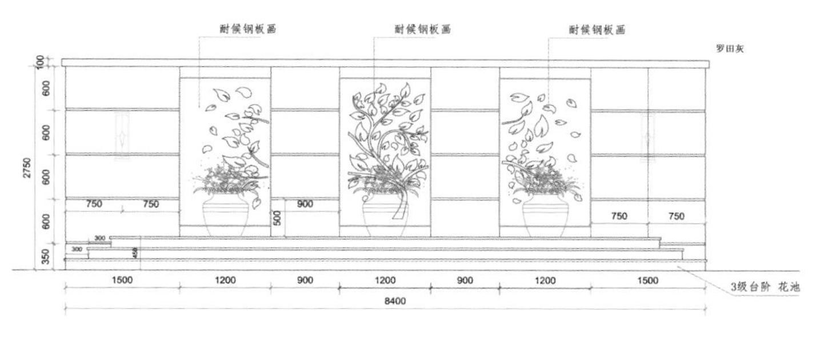

南边围墙背景墙立面

明月镜心园

项目地点： 浙江省台州市
花园面积： 247 m^2
花园风格： 古典中式
工程造价： 123 万元
施工周期： 12 个月
设计师： 张明智
设计、施工单位： 杭州原物景观设计有限公司

项目概况

经与园主沟通，空间需要根据功能重新划分。依地势特点，庭院最好和建筑格调保持一致，质朴自然，不失传统韵味，适合隐逸退休的居住环境。

设计细节

细节设计中，设计师在区块之间用亭子、连廊、海棠门、海棠窗、花窗等中式元素进行串联，以达到曲径通幽、移步换景的景观效果。

中间区域可以放置家具供休闲、健身之用，两边景色葱茏，龟甲竹凹凸有致，直冲云霄，小灌木草花一丛丛、一簇簇，颇有游览的趣味。最妙的是院中的那棵大梅花树，枝干遒劲，花色淡雅，花香怡人。小院边上是中式连廊，其边设矮墙坐槛，绕着中庭一直连接到茶亭，蜿蜒素雅。茶亭檐角高飞，透着古意的同时又带些坚韧。

茶亭边上是被主院分隔出来的一个三角空间，通过连廊、海棠门的遮掩，隐于廊后，别有洞天。假山鱼池的塑造将原本尖角的位置巧妙利用，通过错落的植物搭配，弱化了尖角的造型，同时利用院墙的聚拢走向，将重心引至景观之上，化劣势为优势。

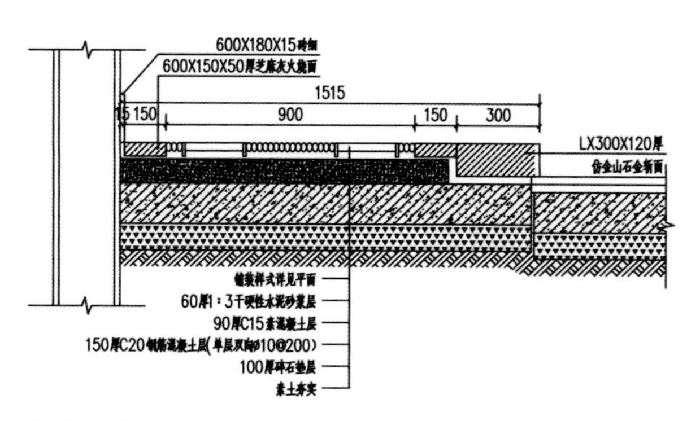

连廊铺装详图一

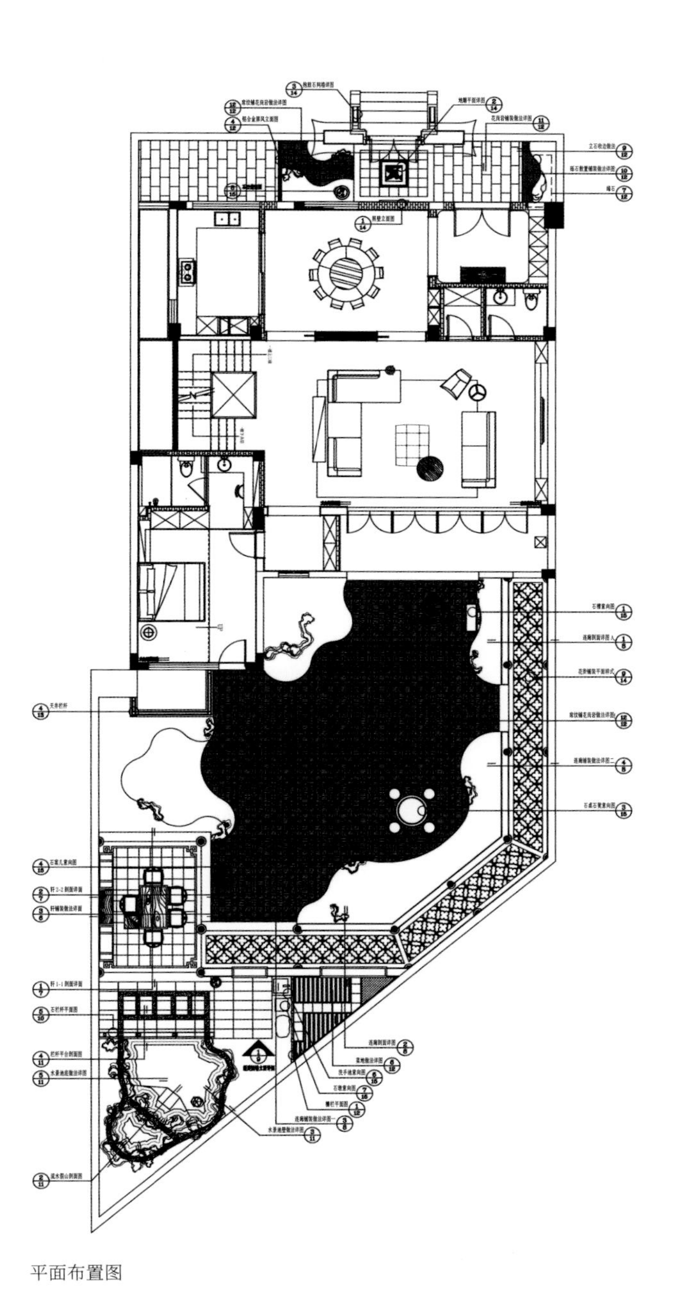

平面布置图

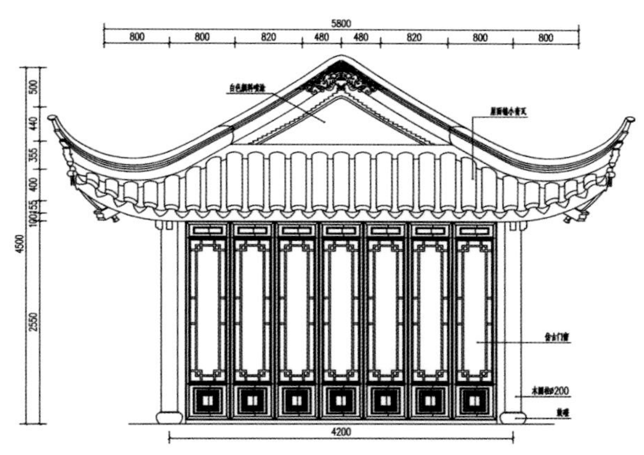

轩侧立面详图

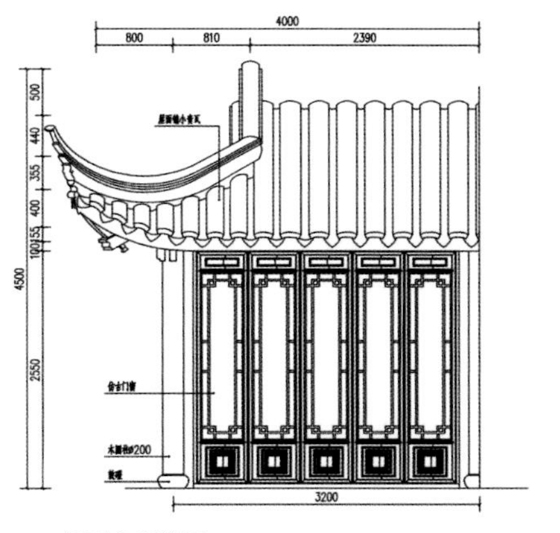

轩正立面详图

宁江明月

项目地点： 浙江省台州市
花园面积： 360 m^2
花园风格： 古典中式
工程造价： 136 万元
施工周期： 10 个月
设计师： 宋跃斌
设计、施工单位： 杭州原物景观设计有限公司

项目概况

本案庭院较为宽敞，空间布局需要根据客户要求重新划分。依地势特点，花园最好和建筑格调保持一致，注重气质与韵味，追求诗情画意的古典意境。

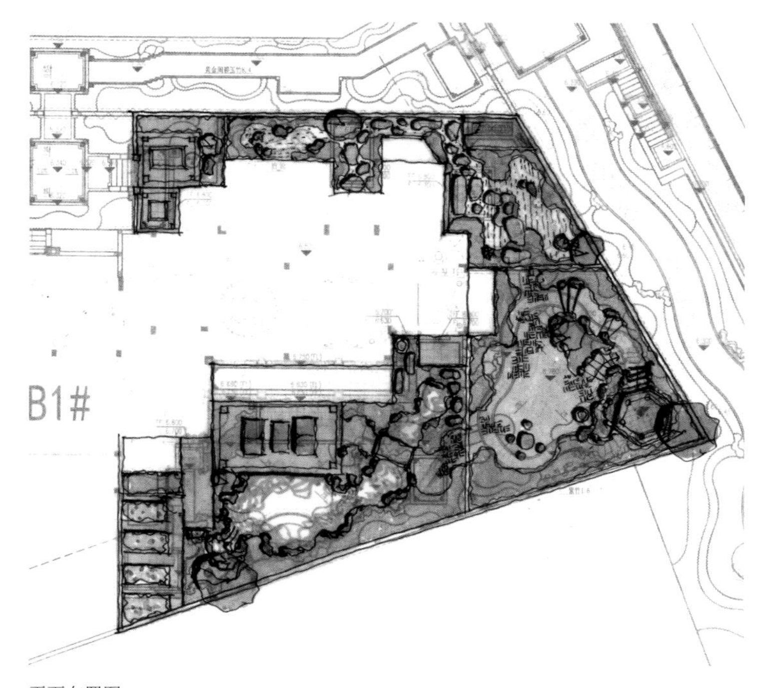

平面布置图

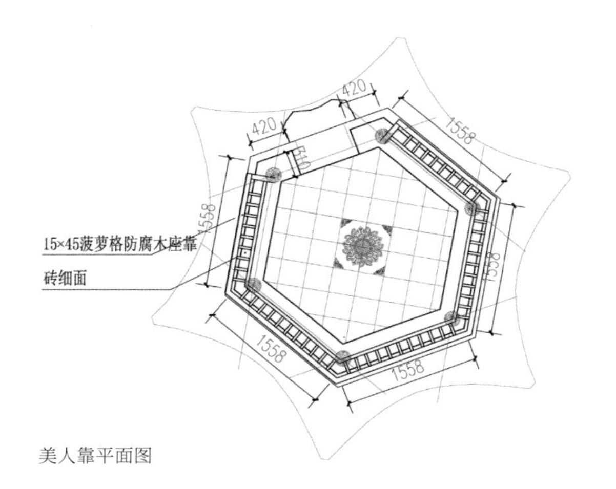

美人靠平面图

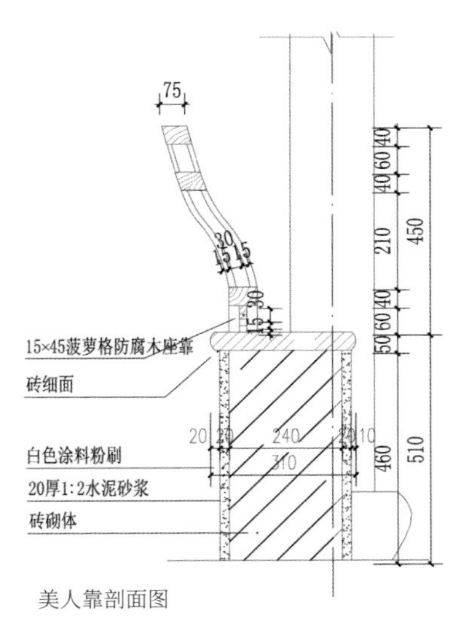

美人靠剖面图

设计细节

设计师将空间重新划分，将休闲会客、赏景等功能融于一体，更加适合园主居住。空间与空间之间利用花窗与门洞等中式元素进行串联。

东南角位设有入户观景平台，错落有致的植物将庭院点缀得生机盎然。平台临近池边，上置中式藤条桌椅，古色古香，既可读书，也可与家人赏景互动，游戏观鱼。

假山飞流直下，在平台与园路连接处构筑单扶手石桥，曲折有致。池水在桥下流淌，鱼儿肆意溯洄徜徉，人停于其上，雾森系统一开，恍如天间。

月洞门与植物配景将南院与东院分隔，院内四季碧涛不歇，仿若山间小路。东南角设有一亭，盘踞于岩坡之上，四角高挑，雅趣与豪气并生。席文铺地简洁而有质感，四边皆有植被坡地环绕。北面设置八角门分隔东院与北院，游览时可借两院之景映四时之趣，增添观赏趣味。

北院入口设有枯山水景观，搭配石板汀步，与景观植物共同营造出一种禅学的意趣。砾石铺地上点缀着零星的绿岛，和景观置石搭配，边上种植的特色植物尽显禅意与雅静。

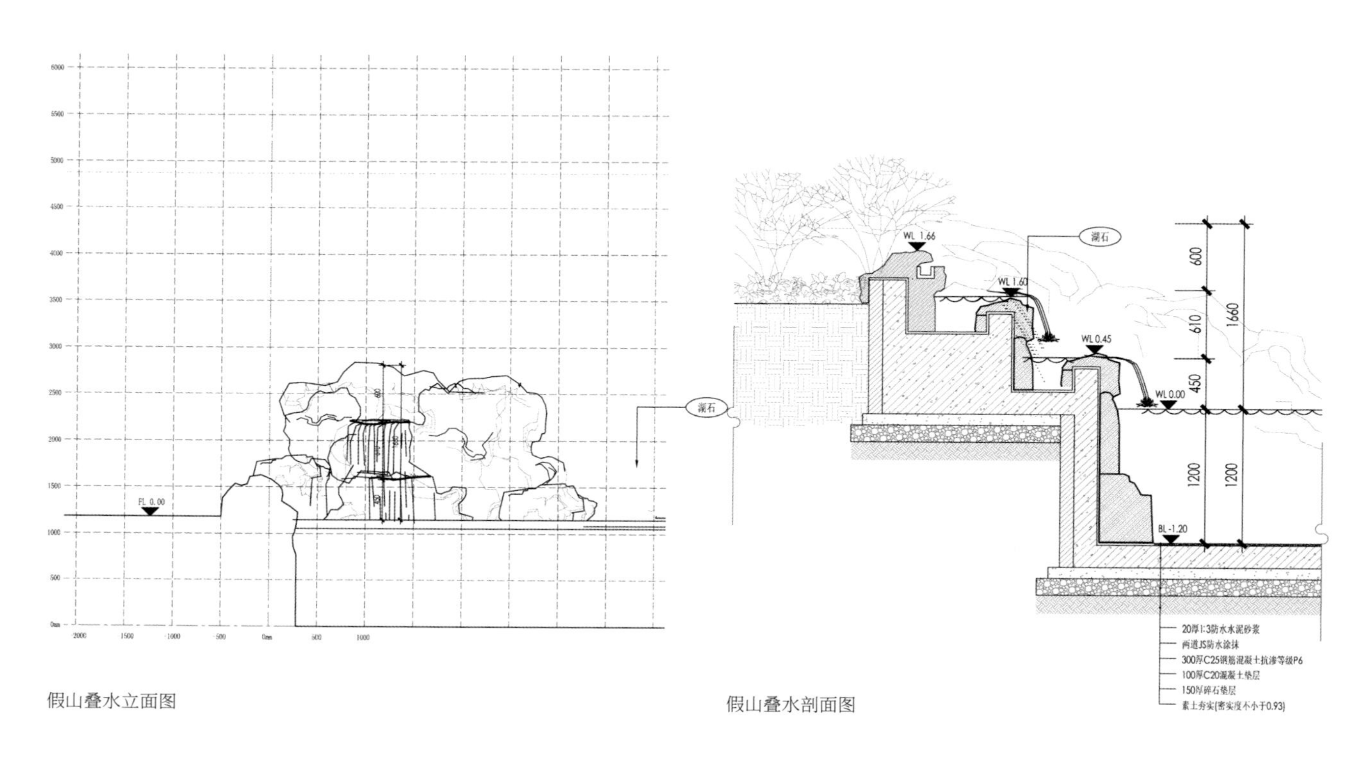

假山叠水立面图

假山叠水剖面图

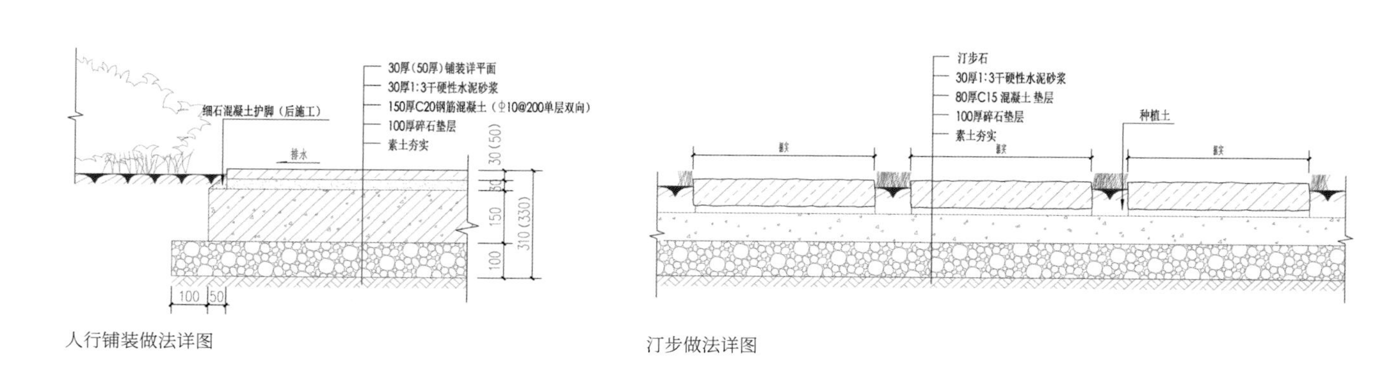

人行铺装做法详图

汀步做法详图

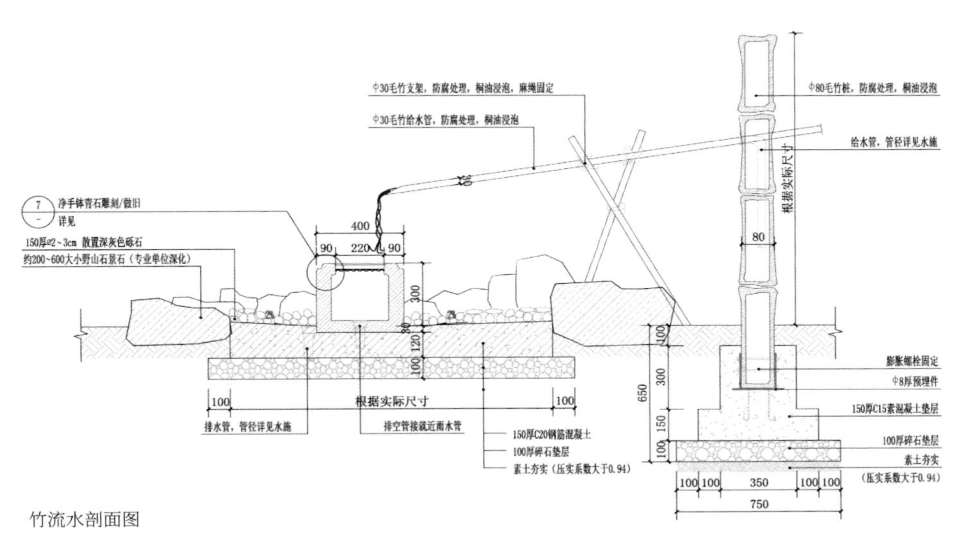

竹流水剖面图

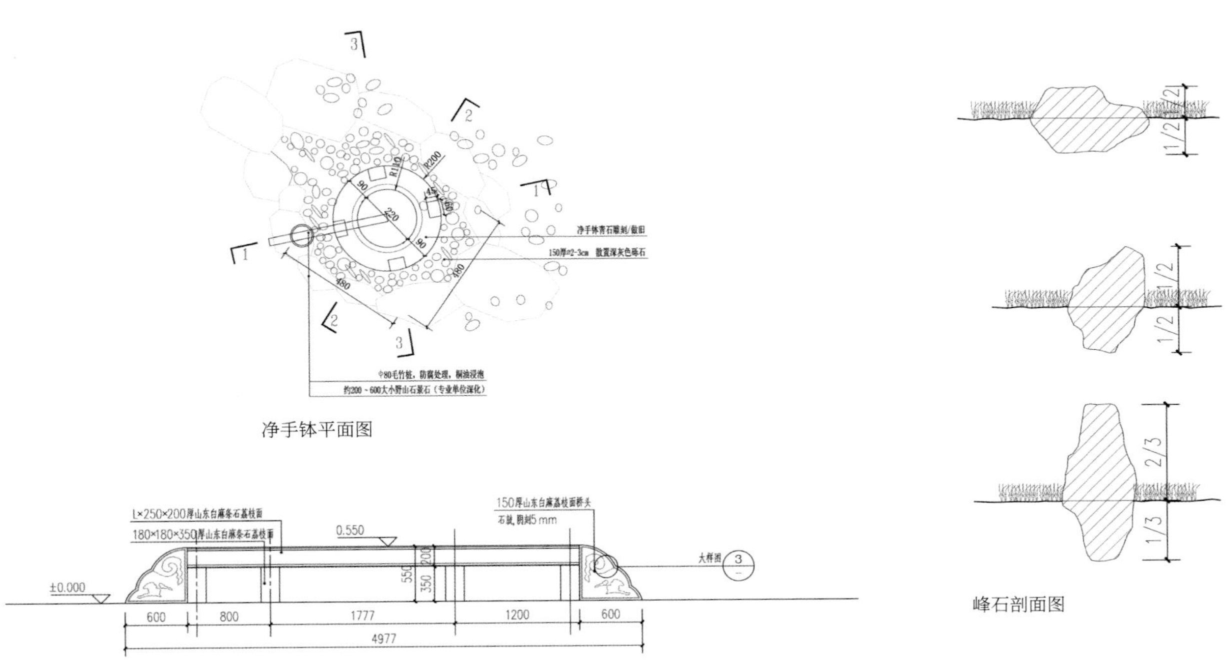

净手钵平面图

峰石剖面图

折桥立面图

太湖之星

项目地点： 江苏省苏州市
花园面积： 540 m^2
花园风格： 古典中式
工程造价： 80 万元
施工周期： 5 个月
设计师： 罗杰
设计、施工单位： 苏州皇家御林景观工程有限公司

项目概况

本项目建筑坐北朝南，入院为东南方向，园主希望能将庭院打造为中式风格，倾向于清新高雅的格调，与建筑风格保持一致。

青砖黛瓦、木门铜锁，园内设计鹅卵石拼花园路、青砖长廊、堆好的太湖石假山、鱼池和亲水木平台。

平面布置图

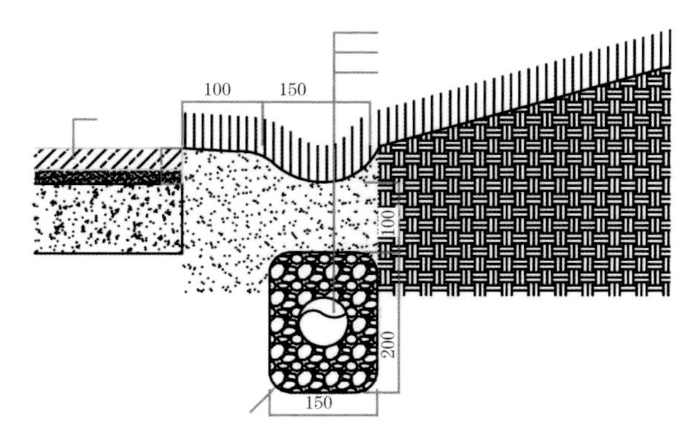

盲管详图

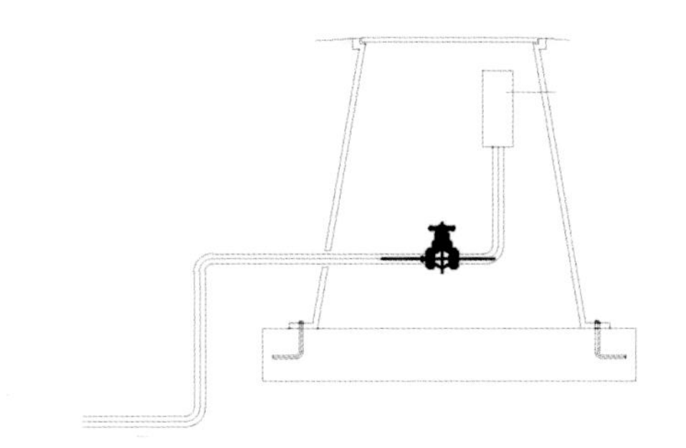

插接阀安装示意图

设计细节

庭院分为三大空间和三小空间，大空间即入户中庭休闲空间、水景观赏空间和后院梅园空间；小空间以太湖石堆砌花坛，种植芭蕉、海棠、紫薇等，适当点缀南天竹、杜鹃、绣球花、麦冬等，营造出以观花为主的空间景观。

推门而进，首先映入眼帘的是造型罗汉松对景，似乎在欢迎着园主的归来。中庭以五福临门地雕铺装，庄重大气。

水景空间设计有亭、廊、榭、流水假山、亲水木平台，满足了园主对水景的期待。设计师把木平台做成鱼池净化仓，假山边以植物巧妙搭配，整体空间清爽舒适，营造出“明月松间照，清泉石上流”的静谧氛围。

后院景观以蜡梅为主，还有一些茶树，遵循四季更迭的规律，施肥、除草、采茶、观花，体验生活的乐趣。

小空间里植物配置丰富，在树种选择上，以造型树和果树为主，既满足园主的种植要求，也保证了景观效果。植物注重寓意，如金橘代表吉祥如意、石榴代表多子多福等。充分利用原有树木作为孤植树，适当点缀疏密有致、高低错落的花草灌木，形成一定的层次感，色彩丰富。

汀香别墅

项目地点：浙江省湖州市
花园面积：700 m^2
花园风格：自然中式
工程造价：80 万元
施工周期：6 个月
设计师：张成宬
设计单位：杭州漫园园林工程有限公司

项目概况

项目地处灵峰山景区的香林群岛，环境秀美，远山云雾缭绕，近水波光粼粼，无论从哪个窗口眺望，都能享受自然美景。园主比较偏爱自然风格，爱好植物和养鱼。

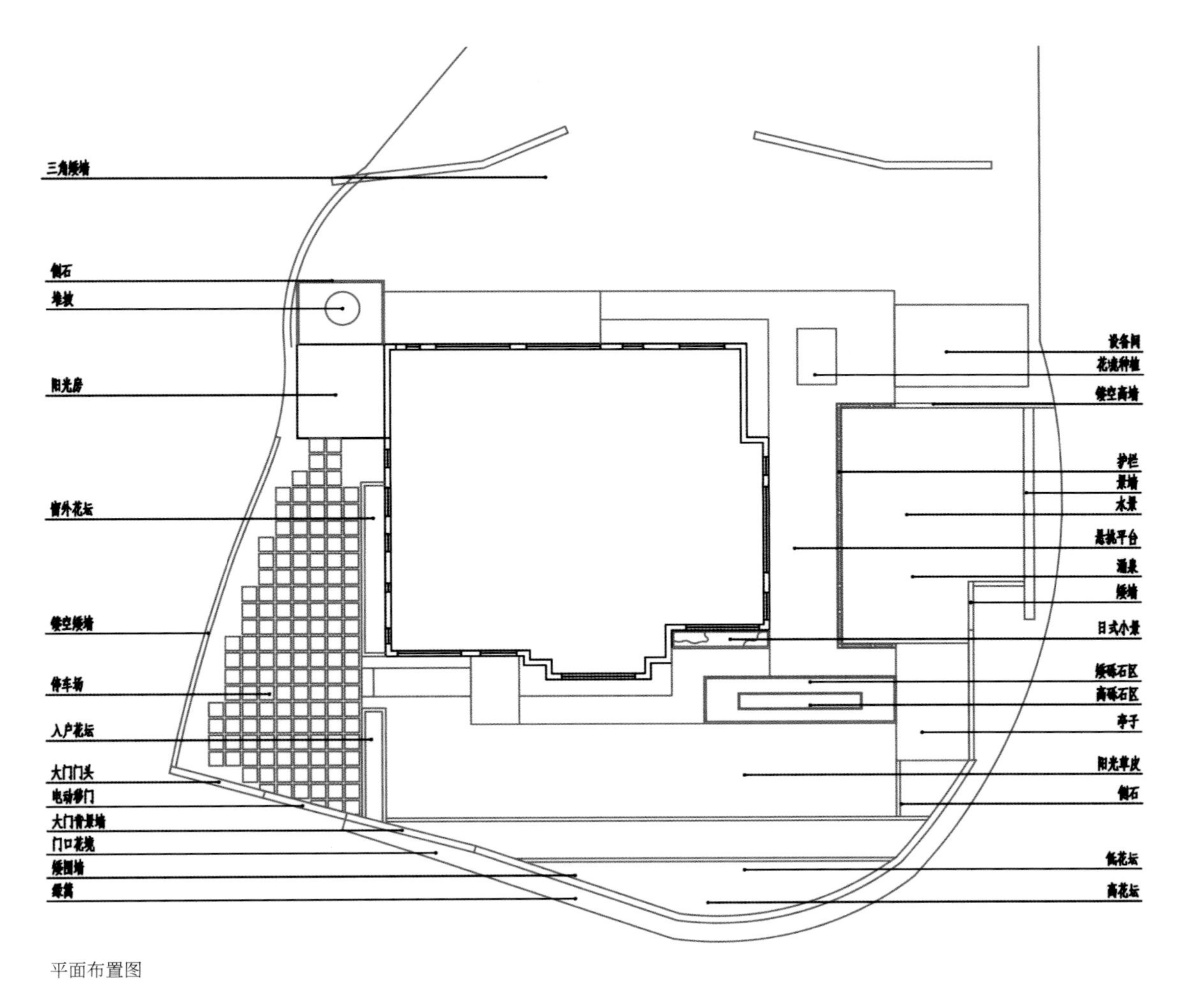
三角矮墙
假石
堆坡
阳光房
窗外花坛
镂空矮墙
停车场
入户花坛
大门门头
电动移门
大门背景墙
门口花境
矮围墙
绿篱
设备间
花境种植
镂空高墙
护栏
景墙
水景
悬挑平台
涌泉
矮墙
日式小景
矮砾石区
高砾石区
亭子
阳光草皮
假石
低花坛
高花坛

平面布置图

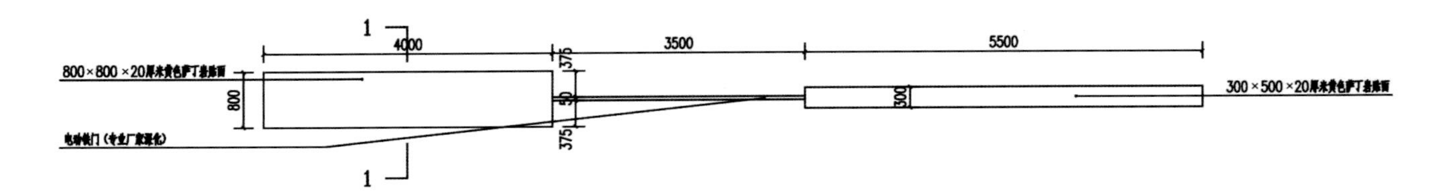

大门平面图

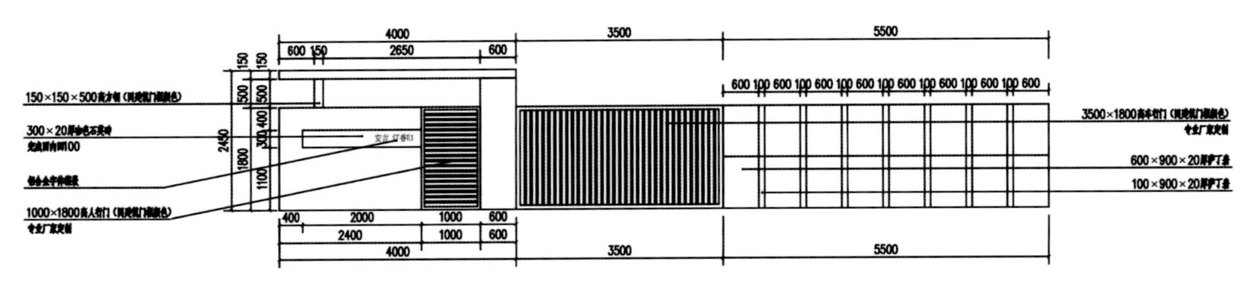

大门立面图

设计细节

庭院入户有一块开阔地，园路环绕，草坪中设置了园主喜爱的造型树，可供观赏。西侧是花境，各类植物斗色争妍，营造让景观服务于生活、让生活置身于景观的雅致空间。

假山鱼池是庭院的核心观景区，山体采用太湖石，高低错落，流水潺潺，在亲水平台中央品茗交流，仿佛置身于山水之境。

池中的锦鲤让整个庭院生动而有灵气，山石犹如镶嵌在水池之中，顺应自然，虽为人造，仿如天成。池中设一小岛，种一盆景，可供宠物草龟嬉戏，碧池中的一抹翠绿也成了庭院的点睛之笔。

灯光以柔和温馨为主，水池内置灯带，整个鱼池在夜色中呈现出水光，置于池中的大石被灯带缠绕，像是一颗璀璨的宝石在夜色中闪耀。

后院空间为开阔的草坪，设置了一处景石，没有多余的修饰，打造出一片舒适惬意的悠闲空间，成为节假日聚会的休闲之地。

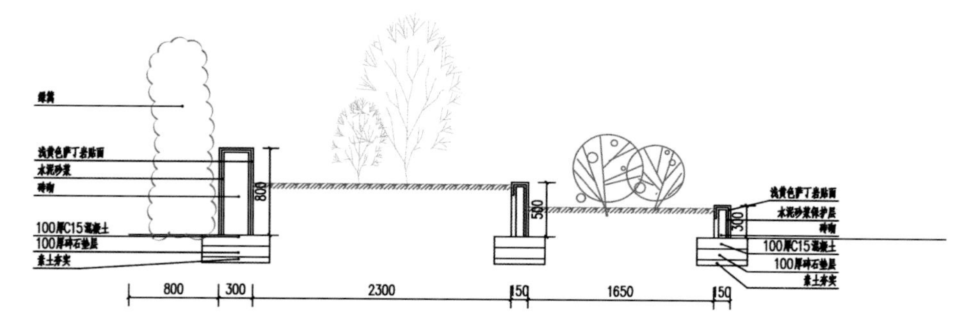

高低花坛剖面图

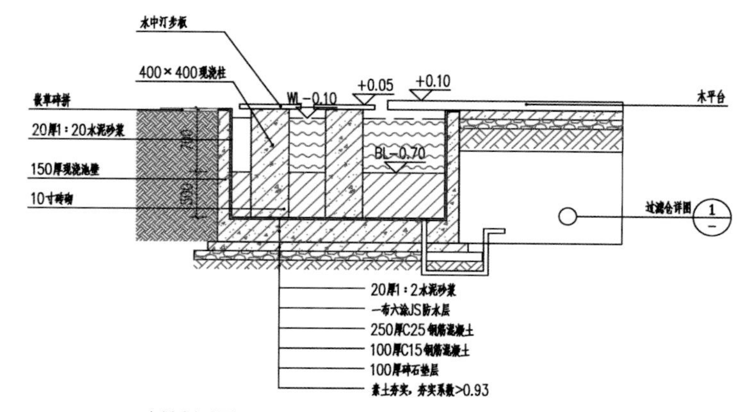

水池剖面图 1

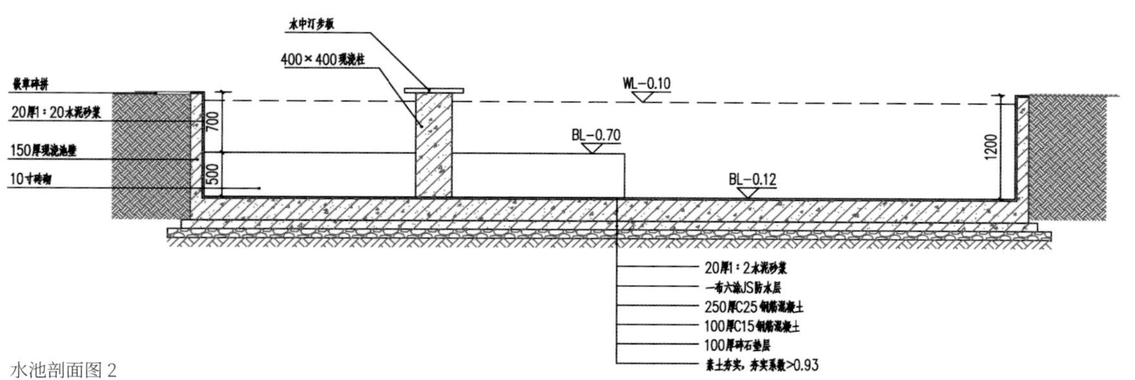

水池剖面图 2

湘江壹号

项目地点： 湖南省长沙市
花园面积： 1000 m^2
花园风格： 古典中式
工程造价： 220 万元
施工周期： 12 个月
设计师： 杨超
设计单位： 长沙怡艾景观工程设计有限公司

项目概况

本案是一幢独栋别墅，建筑为新中式风格，稳重大气。考虑到父母一辈的审美、需求以及花园的可持续使用，园主偏向打造中式庭院风格，与建筑外观协调一致。

设计细节

本案以内敛沉稳的传统文化为出发点，融入现代设计语言，为空间注入凝练唯美的中国古典情韵，既保留传统文化，又体现时代特色，突破了传统风格中沉稳有余、活泼不足的常见弊端。设计强调“师法自然”的生态理念，以自然风光为主体，将建筑、山水、植物有机融为一体。

花园以太湖石和自然式绿化为主要造景元素，营造曲径通幽、起承转合的中式意境。

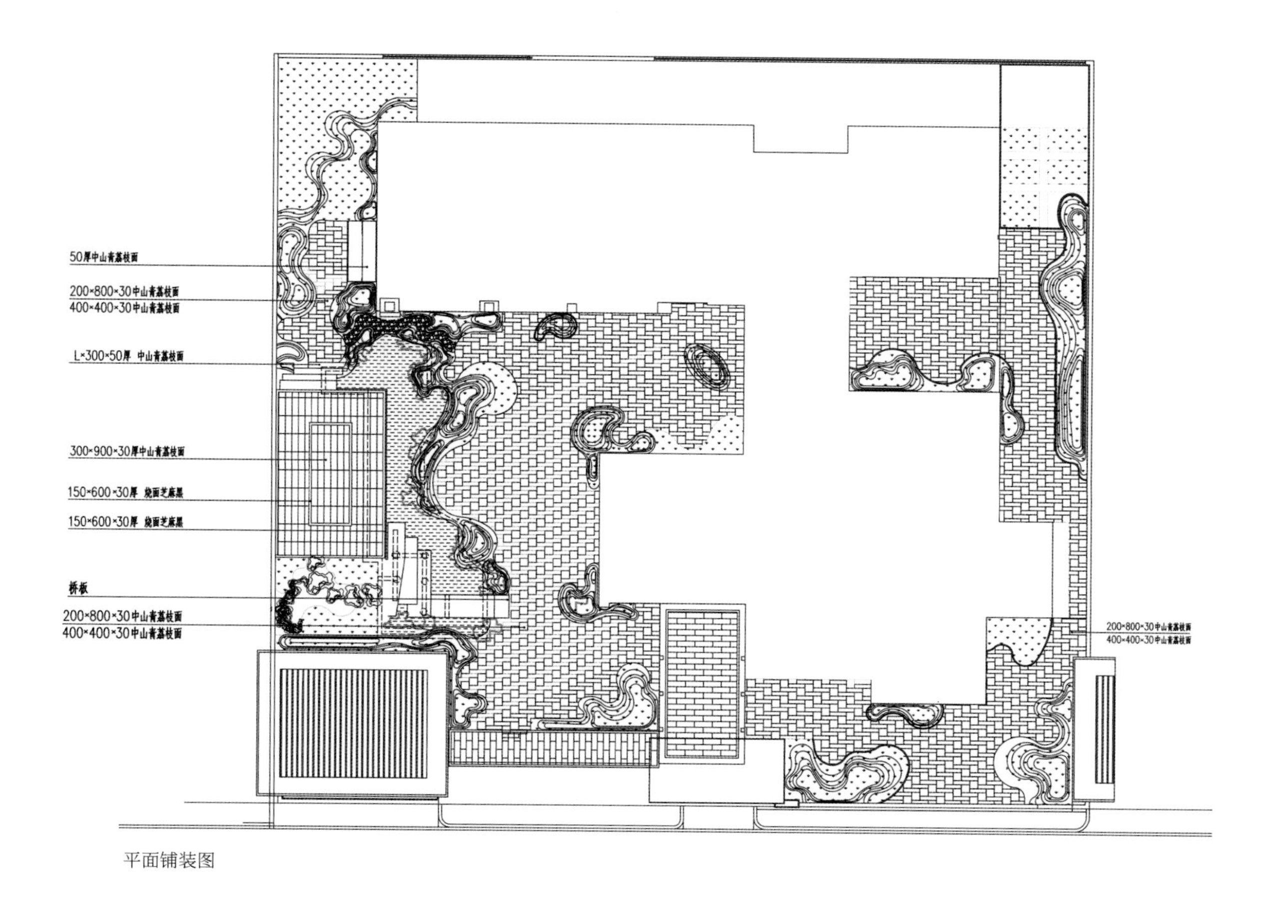

平面铺装图

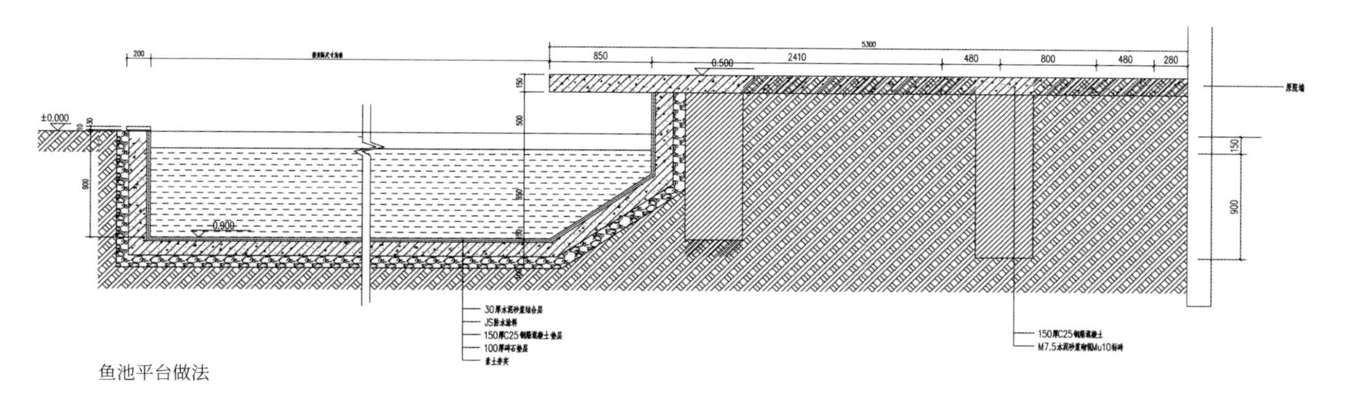

鱼池平台做法

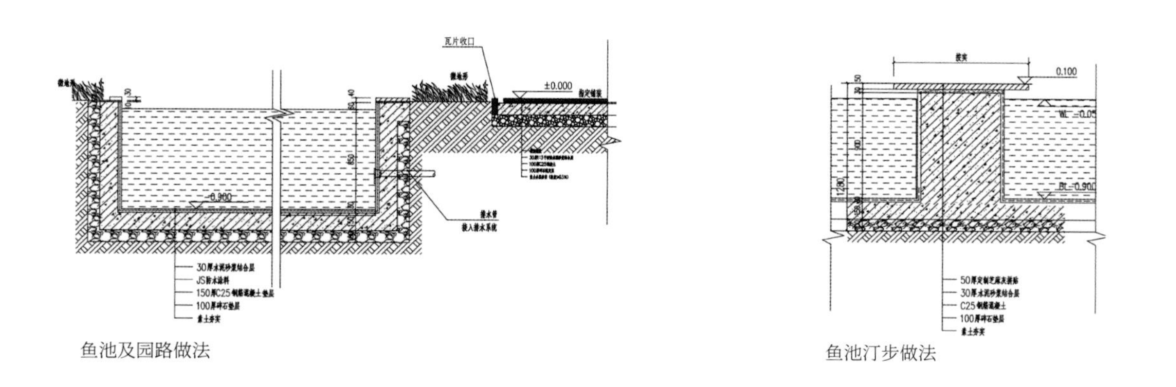

鱼池及园路做法

鱼池汀步做法

礼园

项目地点：广东省广州市
花园面积：830 m^2
花园风格：现代中式
工程造价：235 万元
施工周期：4 个月
设计师：苌宇洋、陈俊豪
设计、施工单位：广州市发记园林景观设计有限公司

项目概况

本案依山而建，分为上下两层，园内自带天然温泉池。别墅背靠凤凰山，面朝流溪河，远离城市的喧嚣。经现场勘察，存在的问题主要有：

1. 花园基本属于毛坯状态。

2. 因建筑分区原因，导致花园分布零散，空间架构不明，私密性较差。

经与园主沟通，感受对方较为喜爱古典园林，且能接受现代园林的时尚性，期待休闲、温馨的生活方式。

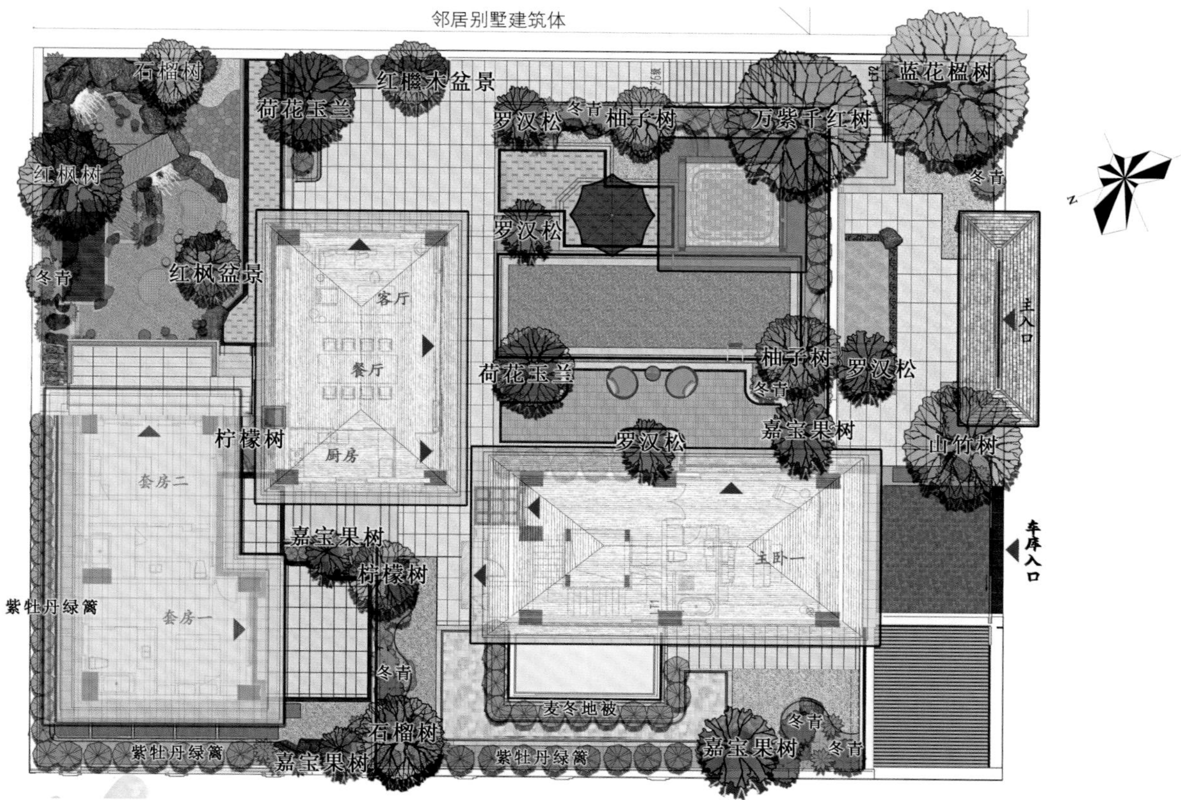

平面布置图

设计细节

本案建筑风格为新中式，为更好地体现地理优势，在合理利用原有花园的基础上，重新划分重点改造区域与次要点缀区域，将现代景致与传统元素结合在一起。

为改变花园零碎的空间布局，设计师将花园分为了入户景观、二层休闲中心和后花园三部分。

入口景墙以山为主题，与镜面水景相互交融，侧面迎客松静立之势，如同山水画卷，立于眼前。

二层休闲中心利用天然温泉池，增加泳池的趣味性，倒映出远处的山峰和湛蓝天空，与家人欢聚时也能亲近自然。

穿过分隔景墙，后花园构筑出山水意境空间，以树为林，以石为山，青松优雅挺拔，假山、流水、青松相映成趣，锦鲤嬉戏，勾画出唯美的游园画卷。

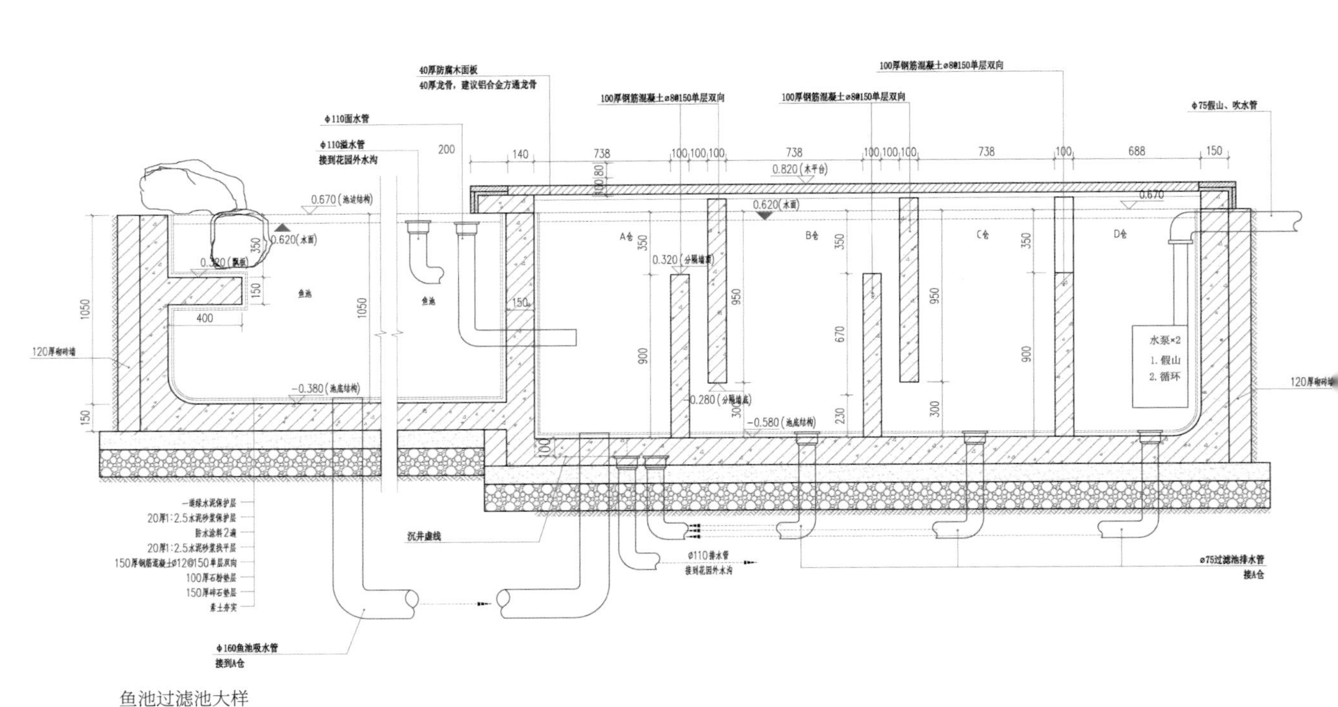
40厚防腐木面板
40厚龙骨，建议铝合金方通龙骨
100厚钢筋混凝土ø8@150单层双向
100厚钢筋混凝土ø8@150单层双向
100厚钢筋混凝土ø8@150单层双向
ф110面水管
ф110溢水管
接到花园外水沟
ф75假山、吹水管
200
140
738
100 100 100
738
100 100 100
738
100
688
150
100 80
0.820（木平台）
0.670（池边结构）
0.620（水面）
0.620（水面）
0.670
0.320（飘板）
0.320（分隔墙顶）
-0.280（分隔墙底）
-0.380（池底结构）
-0.580（池底结构）
鱼池
鱼池
A仓
B仓
C仓
D仓
350
150
400
1050
1050
150
150
350
900
950
300
350
670
230
950
300
350
900
100
水泵×2
1. 假山
2. 循环
120厚砌砖墙
120厚砌砖墙
一道绿水泥保护层
20厚1:2.5水泥砂浆保护层
防水涂料2遍
20厚1:2.5水泥砂浆找平层
150厚钢筋混凝土ø12@150单层双向
100厚石粉垫层
150厚碎石垫层
素土夯实
沉井虚线
ø110排水管
接到花园外水沟
ø75过滤池排水管
接A仓
ф160鱼池吸水管
接到A仓
鱼池过滤池大样

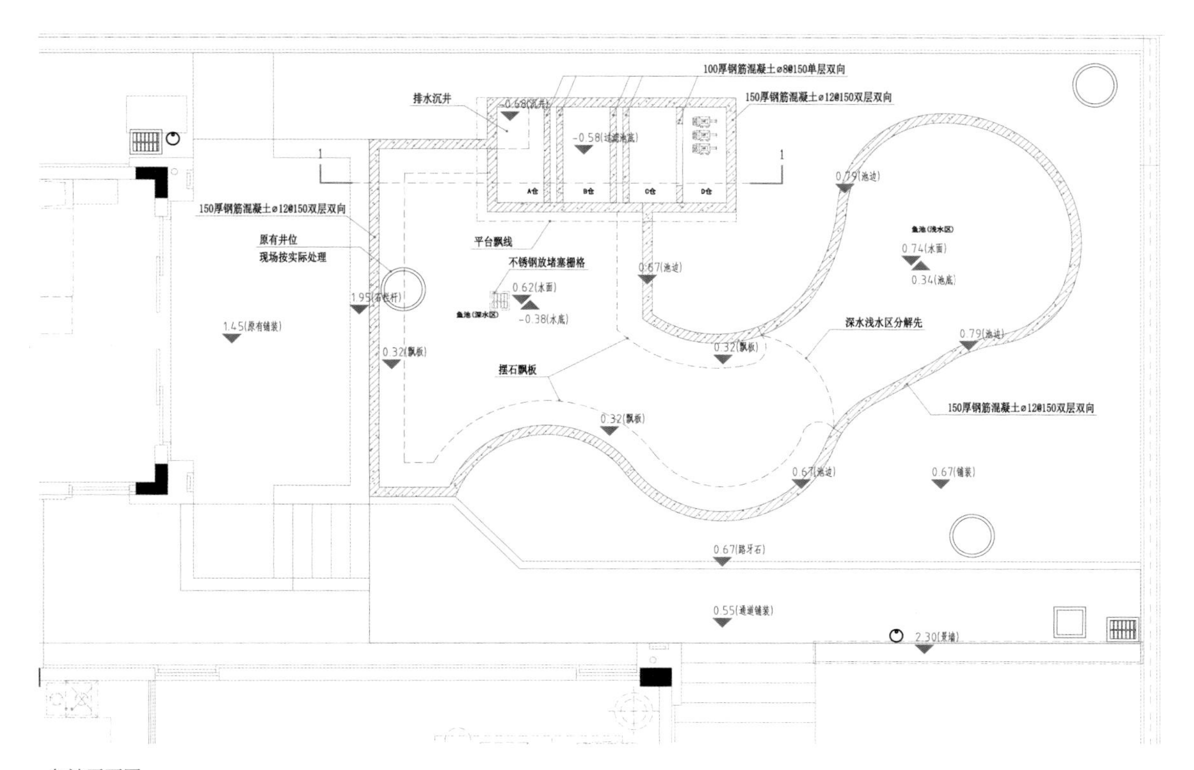
100厚钢筋混凝土ø8@150单层双向
150厚钢筋混凝土ø12@150双层双向
排水沉井
-0.68(沉井)
-0.58(过滤池底)
A仓
B仓
C仓
D仓
150厚钢筋混凝土ø12@150双层双向
原有井位
现场按实际处理
平台飘线
不锈钢放堵塞栅格
0.62(水面)
-0.38(水底)
鱼池(深水区)
1.95(冬栏杆)
1.45(原有铺装)
0.32(飘板)
摆石飘板
0.67(池边)
0.79(池边)
鱼池(浅水区)
0.74(水面)
0.34(池底)
深水浅水区分解先
0.32(飘板)
0.79(池边)
150厚钢筋混凝土ø12@150双层双向
0.32(飘板)
0.67(池边)
0.67(铺装)
0.67(路牙石)
0.55(通道铺装)
2.30(景墙)

鱼池平面图

现代简约风格

Modern Simple Style

百香果花园

项目地点：江苏省南京市
项目面积：245 m^2
花园风格：现代简约
工程造价：130 万元
施工周期：9 个月
设计、施工单位：南京京品园林景观设计有限公司

项目概况

该项目建筑为独栋别墅，花园面积不大，围绕在建筑的东侧和南侧。围墙距离建筑较近，南边花园对着餐厅与客厅，东侧花园对着室内多功能休息厅，整体包裹性较强。

本次施工为老花园拆除重建，园主非常重视花园的总体设计及最终呈现效果，对方案的创意要求及选材标准都较高。

设计细节

花园从南到北依次分为室外客厅区、水景区、烧烤区和菜地区。

室外客厅区与烧烤区之间以水景相连，进一步增强景观氛围。东侧南北通道采用曲折的木栈道连接，北侧栈道从水池中间穿过，宛如置身于自然的荷花塘中。

考虑到花园与建筑的距离较窄，为减少空间，采用了无边花池设计理念，让视觉变宽，植物与水面也更加贴近。花池采用金属包边，且内藏灯带，在夜晚也可以展示出丰富的轮廓线。

正对南边客厅的围墙设计了一面金属镂空浮雕景墙，这个区域是重要的室外客厅区，设计了一座金属凉亭与建筑无缝对接，与室内的餐厅和客厅融合到一起。从功能上来看，凉亭区域是室内空间的延续，无论是室外用餐还是休闲娱乐都非常方便。

东南角作为休闲区的视觉焦点，采用金属钢板设计了一个几何状的树池，栽植了一棵造型高大的罗汉松，是整个花园的最高点。

东侧中心区域设计了一组较长的景观墙，墙前以悬空花池木质坐凳与操作台有机组合，上方设计了一个 L 形的白色单边廊架，既方便攀爬植物，也可以减弱邻居建筑带来的压抑感。从视觉上看，这是该区域的一个亮点，既把操作台、坐凳、花池更好地结合到一起，也和北侧的菜地做了自然分割。

北侧菜地区域抬高了两级，一是增加景观层次，二是更好地划分区域。此外，这里还设计了一个木屋，种植了一棵石榴树和一棵橘子树。

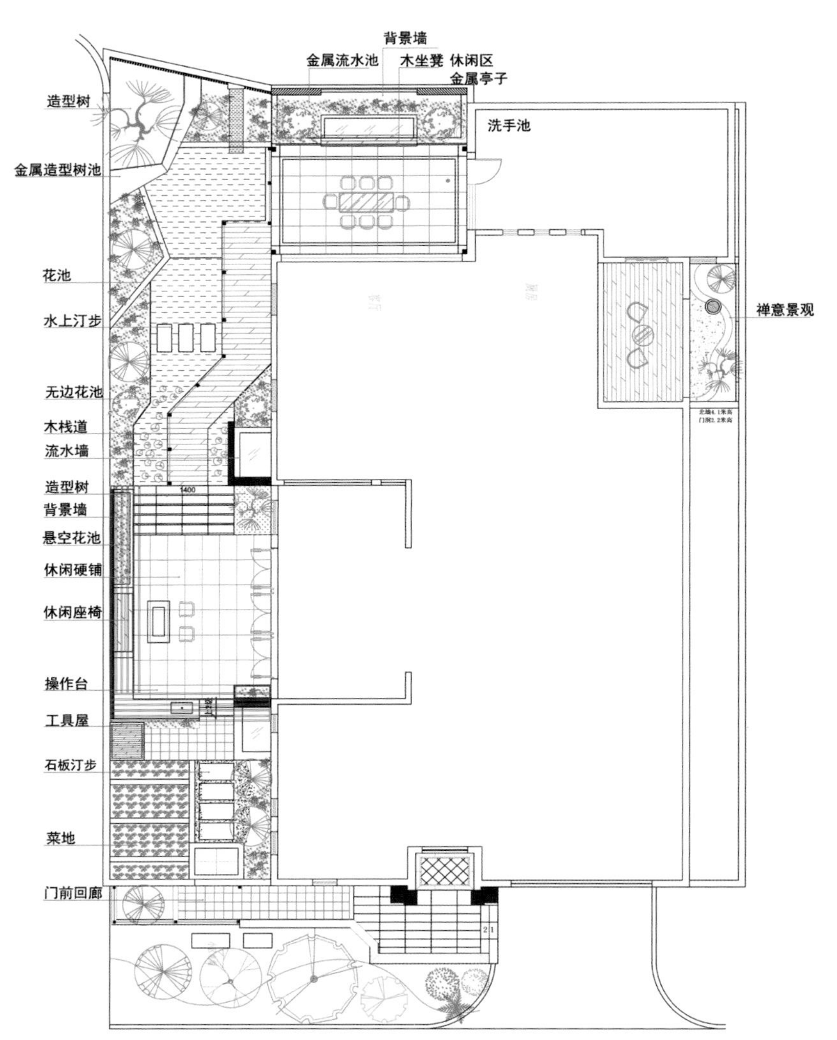

平面布置图

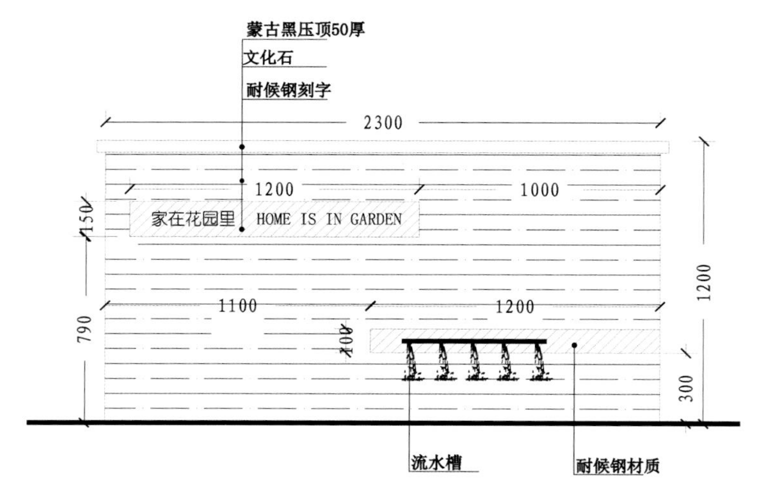

采光井流水矮墙

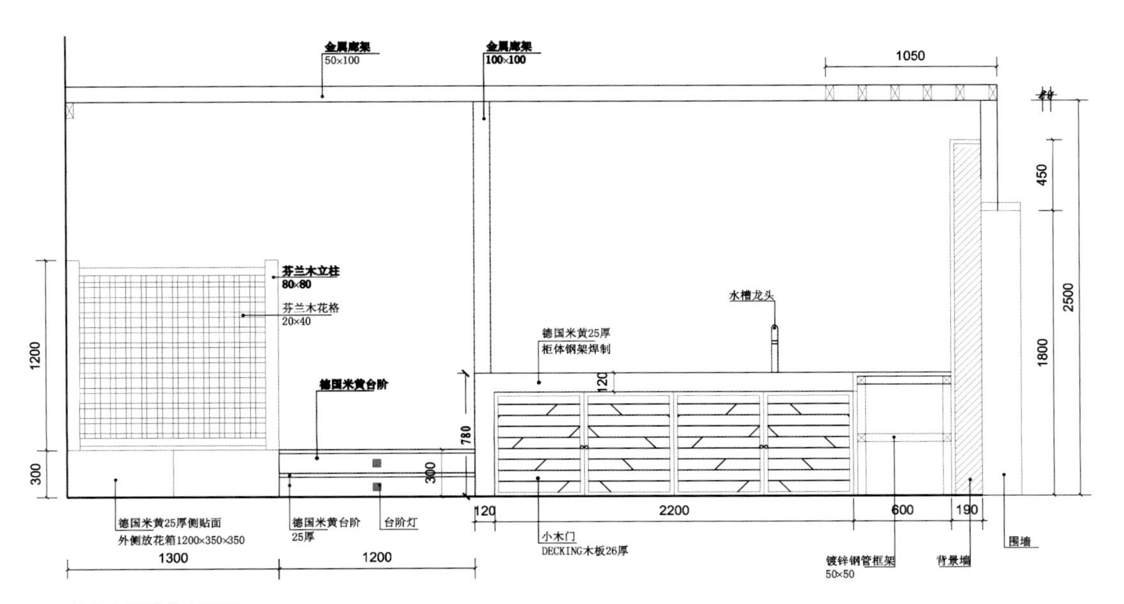

操作台区域北立面图

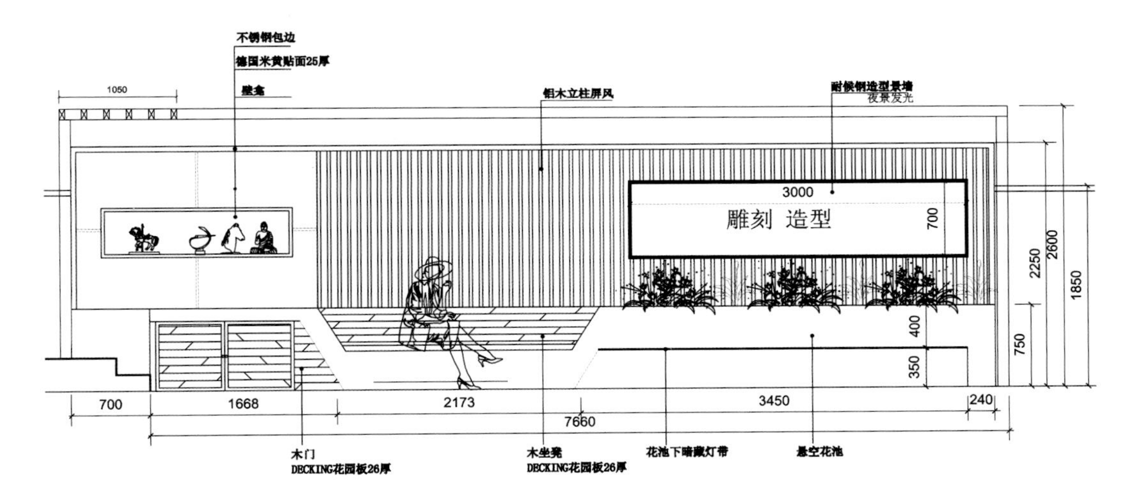

操作台区域东立面图

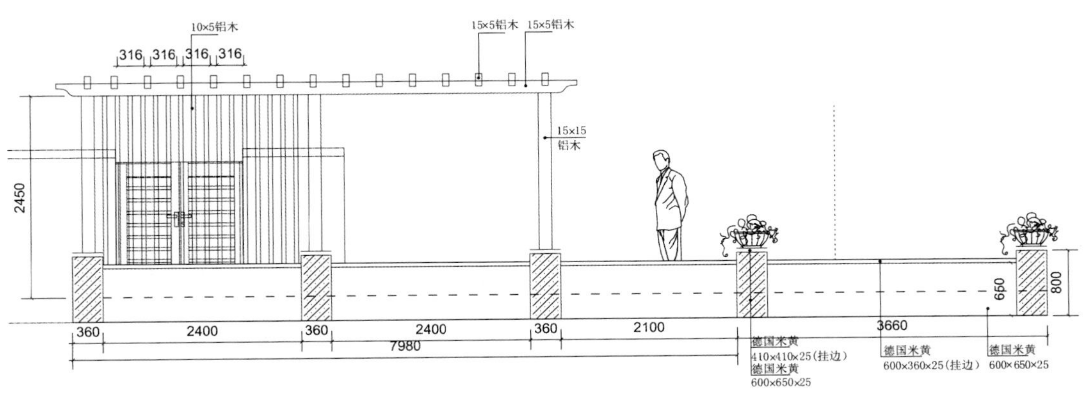

北侧回廊立面图

宸光和悦

项目地点： 四川省成都市
花园面积： 276 m^2
花园风格： 简约时尚
工程造价： 84 万元
施工周期： 4 个月
设计师： 李若水
设计、施工单位： 成都绿豪大自然园林绿化有限公司

项目概况

项目整体为屋顶花园，现场由反背梁横向划分为两部分，内有烟道及排气管无规则分布散落，影响了花园的整体性。由于实地环境处在商业及住宅区之间，且有城市主要交通动线通过，周围环境相对复杂。

园主较为年轻，平时会有一些朋友聚会，希望兼顾居家的同时，花园也可以充当交流的场所，和家人、朋友、合作伙伴聚会畅谈。

园主还希望花园可以成为一种标志，符合当代审美，吸引前来游玩的人为它停留，既满足基本功能，还要兼具设计的美感，与周围环境相融合。

设计细节

根据花园的现场情况，结合园主想法，设计从“以人为本”的思路出发，考虑了较多的休息空间，可以坐着聊天、喝茶和烧烤聚会。

屋顶花园的承重梁是不可逆转的因素，抬高的镜面水景将花园分成四部分，将原有排气管与水面装饰融为一体。烟道进行加高处理，外饰面做镜面不锈钢与周围环境融合。功能区内洗衣房也用同样的方式隐匿其中，不露真颜。厕所的设计采用曲线的方式，特殊的表现手法体现花园的灵动。

立面的围墙也是设计的重点，提取“山”的元素，做成错落有致的山峰，一山一水，一静一动，动静之间巧妙相接。花池钢板等现代元素不仅保障空间的安全，还使花园整体刚柔并济，凸显环境和景观和谐的美感。

布局上打破了原来的平整，将空间划分为上下两个区域，一个是户外的聚会烧烤区，一个是阶梯式的弧形休闲区，有一种包容的围合感，像是被自然环抱其中。

铺地上选用了规则式防滑砖，颜色深浅变化有序，增加了节奏感。整个花园融入了现代的时尚元素，结合周围环境顺势而为。项目完成后，得到了园主的高度认可。

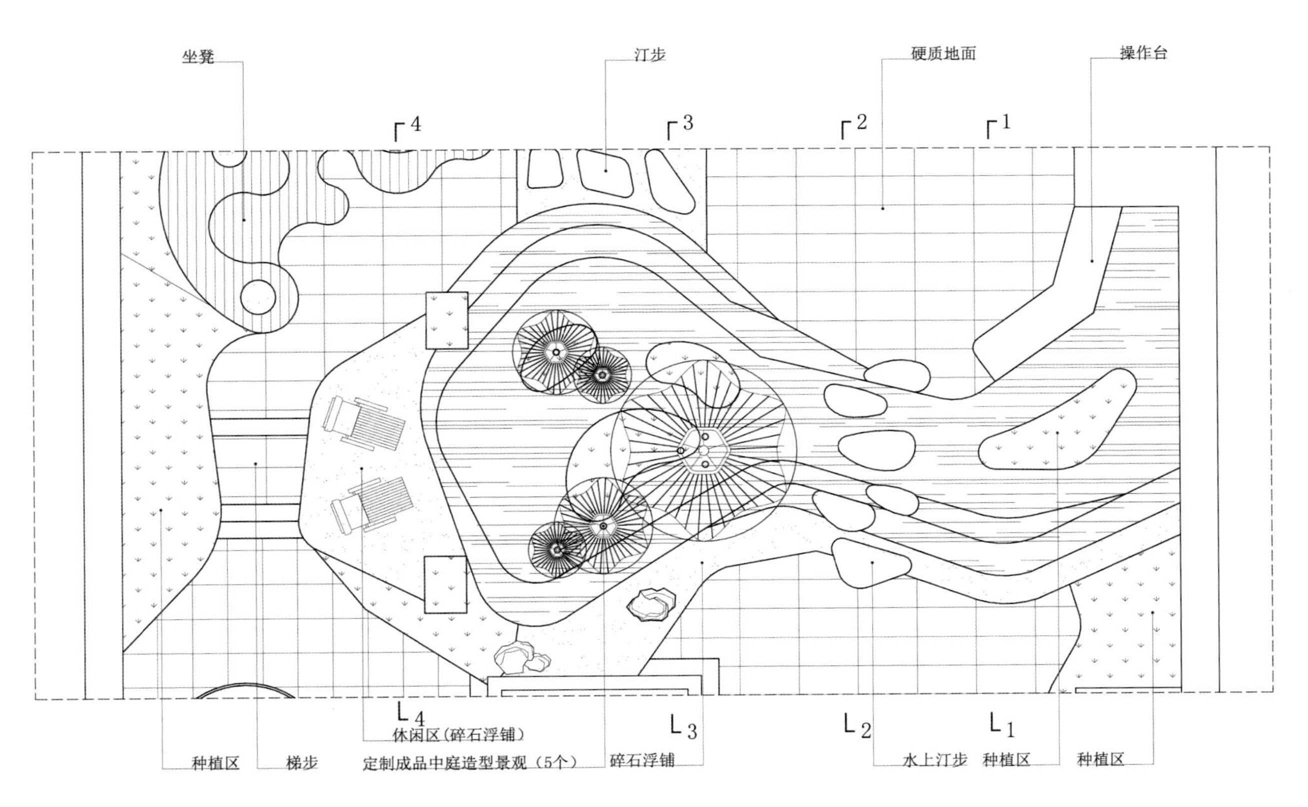

镜面水景平面图

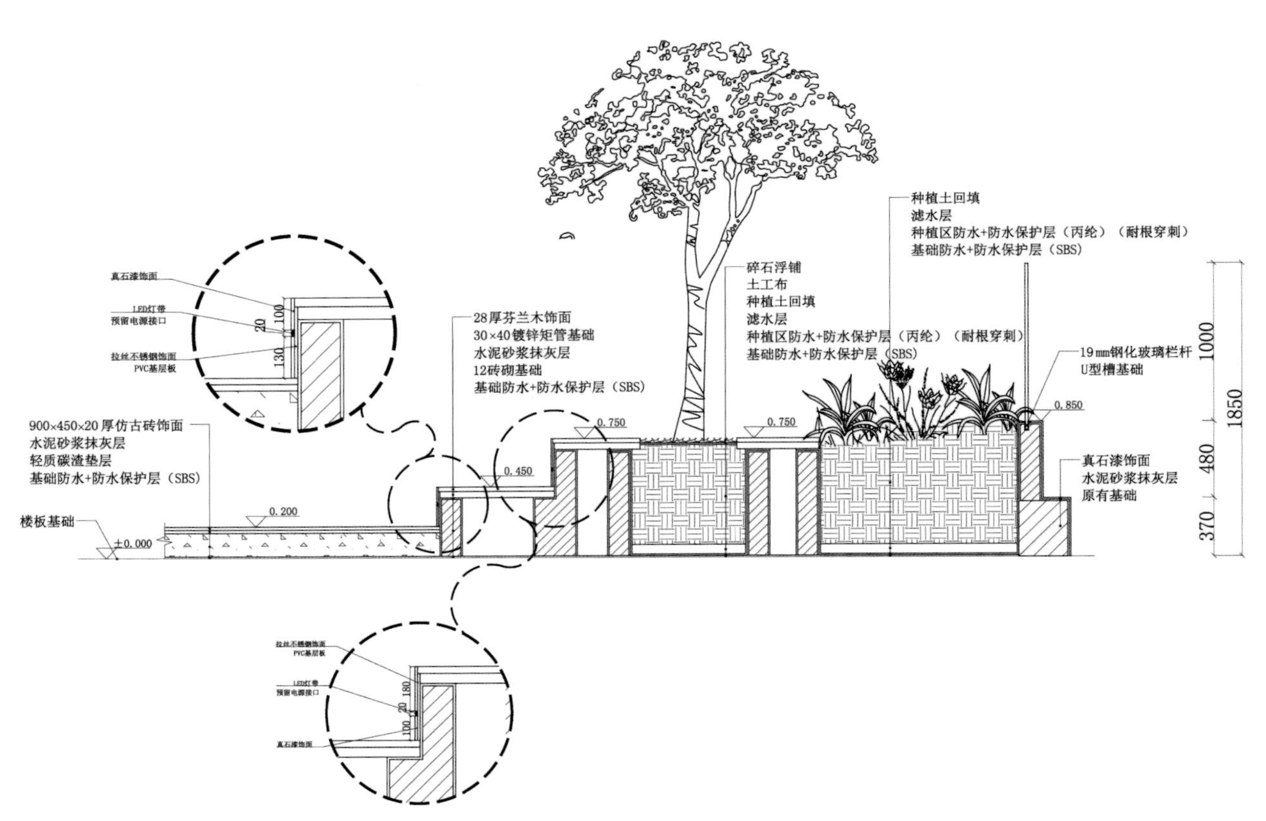
真石漆饰面
LED灯带
预留电源接口
拉丝不锈钢饰面
PVC基层板
100
20
130
900×450×20 厚仿古砖饰面
水泥砂浆抹灰层
轻质碳渣垫层
基础防水+防水保护层（SBS）
楼板基础
±0.000
0.200
28厚芬兰木饰面
30×40镀锌矩管基础
水泥砂浆抹灰层
12砖砌基础
基础防水+防水保护层（SBS）
0.450
0.750
碎石浮铺
土工布
种植土回填
滤水层
种植区防水+防水保护层（丙纶）（耐根穿刺）
基础防水+防水保护层（SBS）
0.750
种植土回填
滤水层
种植区防水+防水保护层（丙纶）（耐根穿刺）
基础防水+防水保护层（SBS）
19㎜钢化玻璃栏杆
U型槽基础
0.850
真石漆饰面
水泥砂浆抹灰层
原有基础
1000
1850
480
370
拉丝不锈钢饰面
PVC基层板
LED灯带
预留电源接口
180
20
100
真石漆饰面

阶梯坐凳剖面图

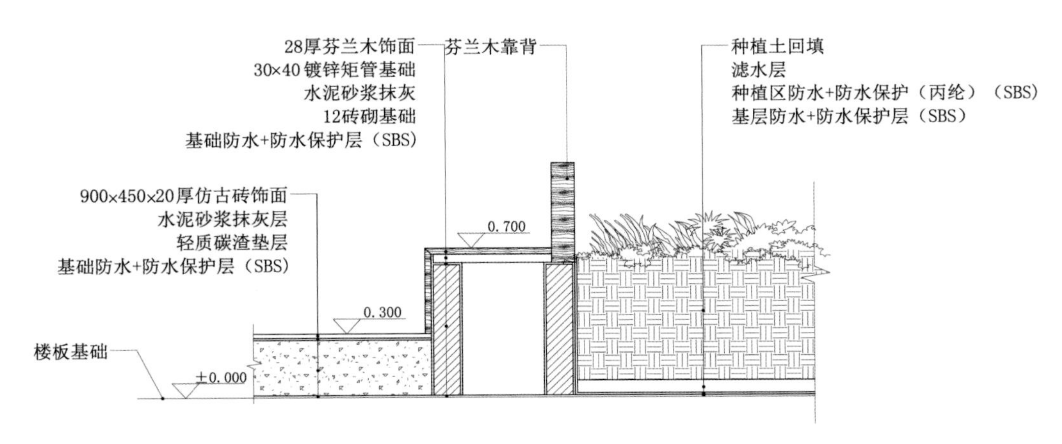

坐凳剖面图

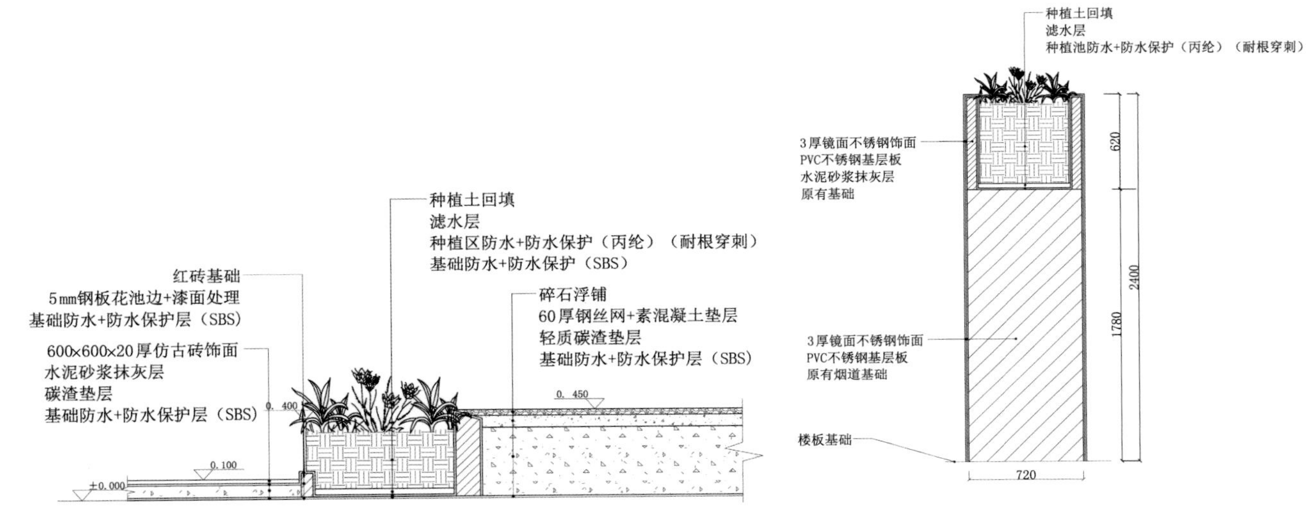

躺凳平台剖面图

烟道基础加高做法详图

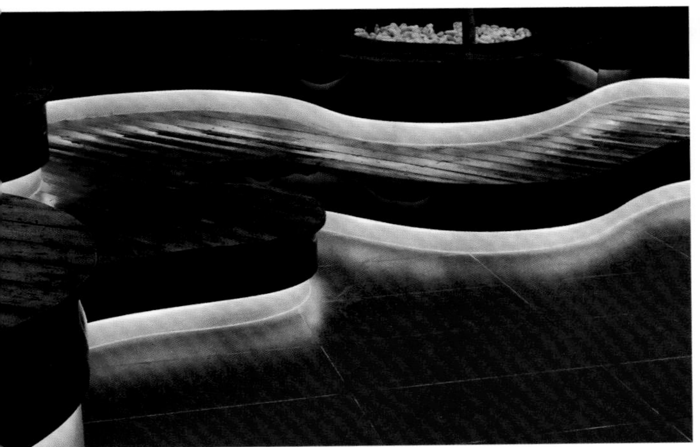

百草园

项目地点： 浙江省丽水市
花园面积： 105 m^2
花园风格： 现代简约
工程造价： 42 万元
施工周期： 2 个月
设计师： 陈淼
设计单位： 丽水百草园园艺

项目概况

本案室内空间以暗色为主，室内和室外的羁绊是一面超大的落地玻璃，从客厅望出，花园景观一览无余。

园主对花园生活的认知较高，除有材料和工艺的要求外，还希望场地能呈现精致、艺术而优雅的格调。

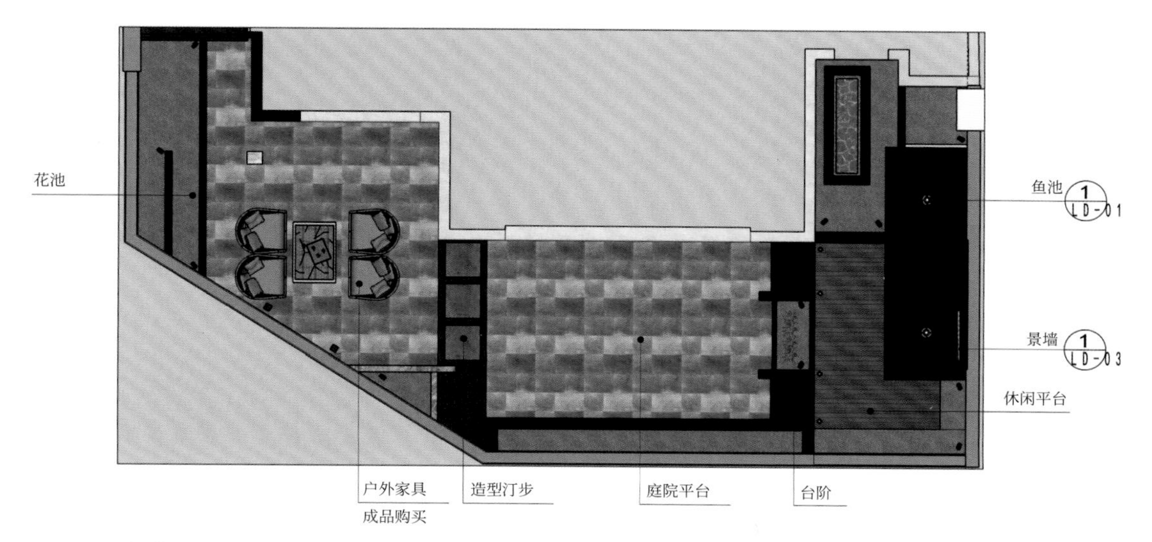

平面布置图

设计细节

为了不破坏室内空间的场所精神，设计师尽量拉长景观的展开面，运用极简艺术中最常见的序列手法，用人工秩序引领自然材料，通过韵律与节奏营造仪式感。

钢琴质感的黑色石材以简约的线性勾勒出花园的第一篇章，暗藏的暖色光线通过随风飘舞的狐尾天门冬以及植物墙渗透进来，第一印象呈现的状态是高雅而精致的。

移步园中，左侧设置了水景，一棵精致的西班牙油橄榄树犹如“思考者”一般静候光临。台阶两侧黑色的柱体与谁同坐？视觉终点落在一个和景墙同高的水瀑墙上，这里传递出来的是艺术与静谧的空间氛围。

简洁永远是解开复杂问题的关键，设计运用了相对统一的元素，赋予了空间多样化的体验，希望观者来到这个空间能够放松下来，仿佛置身度假时光。院落不大，精选的植物与精细的工艺，无处不在诉说园主的高阶品位。

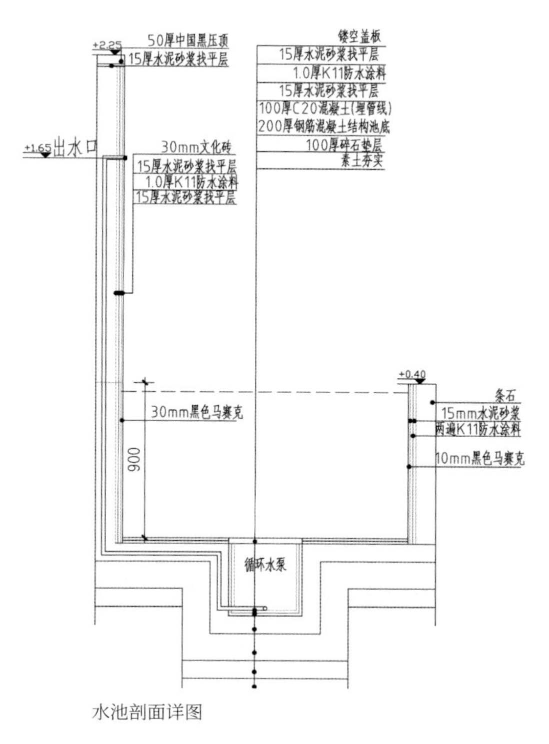

水池剖面详图

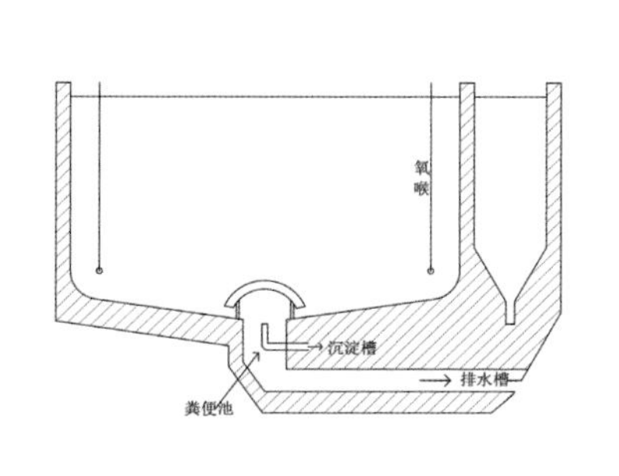

净化仓方向示意图

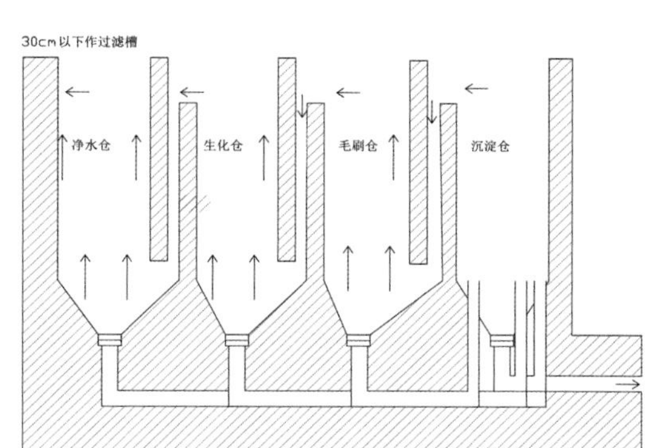

波纹花园

项目地点： 上海市
花园面积： 70 m^2
花园风格： 简约时尚
工程造价： 15 万元
施工周期： 1 个月
设计师： 伍琨、黄玉杰
设计、施工单位： 上海苑筑景观设计有限公司

项目概况

这是一个位于上海市区的小小花园，初次见到园主，她对自己的花园充满期待，看遍了小区邻居们的花园，能被自己认可的极少。园主说，希望自己的小院是一座不同于其他院子的格调空间，能够集会客、休闲、用餐、种植于一体。

1. 户外洗手台
2. 固定坐凳
3. 户外餐桌
4. 户外拖把池
5. 矮绿篱
6. 景墙及玩偶
7. 花坛
8. 秋千椅
9. 景墙
10. 入户花坛

平面布置图

设计细节

在一个不大的空间里，要满足园主多样的个性需求，还能不失格调地展现出它的韵味，是这次花园改造的重点。

该项目整体的设计调性是简约的，但又不想过于现代。在材质的运用上，设计师选用了米黄的石英石为主调，局部使用灰、白两种石英石拼接跳色，贯穿于整个花园的动线之中，既活泼又不失和谐。

整个花园方方正正，主要分为四大功能区，分别是花园入户区、户外就餐区、花境观赏区、秋千休闲区。

入户空间是园主心心念念的多肉种植园，推开院门，就能看见成排成列的多肉植物，上层百子莲也悄悄地探出了头，仿佛在述说着“欢迎光临”。拾级而上，首先映入眼帘的是入户屏风，既划分出空间层次，也阻隔了视线，令人想一探究竟。

花园的西侧是户外就餐区，围栏与花箱、固定坐凳相结合，形式上和谐统一。坐凳的设计最大限度地节约了空间，还能容纳四五人就座，再搭配上户外桌椅，闲暇时邀请亲朋好友欢聚一堂，共享花园时光。

紧邻就餐区的是花境观赏区，设计师巧妙地运用植物划分空间层次，三棵川滇蜡树棒棒糖配以洁白的贝拉安娜绣球，白绿相间，清新淡雅。

初次跟园主沟通时，她希望园中能有一块绿色的草坪。设计师考虑到花园面积的局限性，舍弃了草坪的想法，取而代之以块状绿篱，既可以享受到草坪的绿，又不用费心去打理，倒也惬意！

室内窗景的尽头是秋千区，在地面铺装上，设计师用石英石汀步延伸至木平台，引导着观赏者的视线；立面上用木围栏结合不锈钢波纹板装饰原有配电房，与四周的围栏融为一体。波纹板的运用，如同阳光照耀下的湖面，在绿植的映衬下，很是灵动。

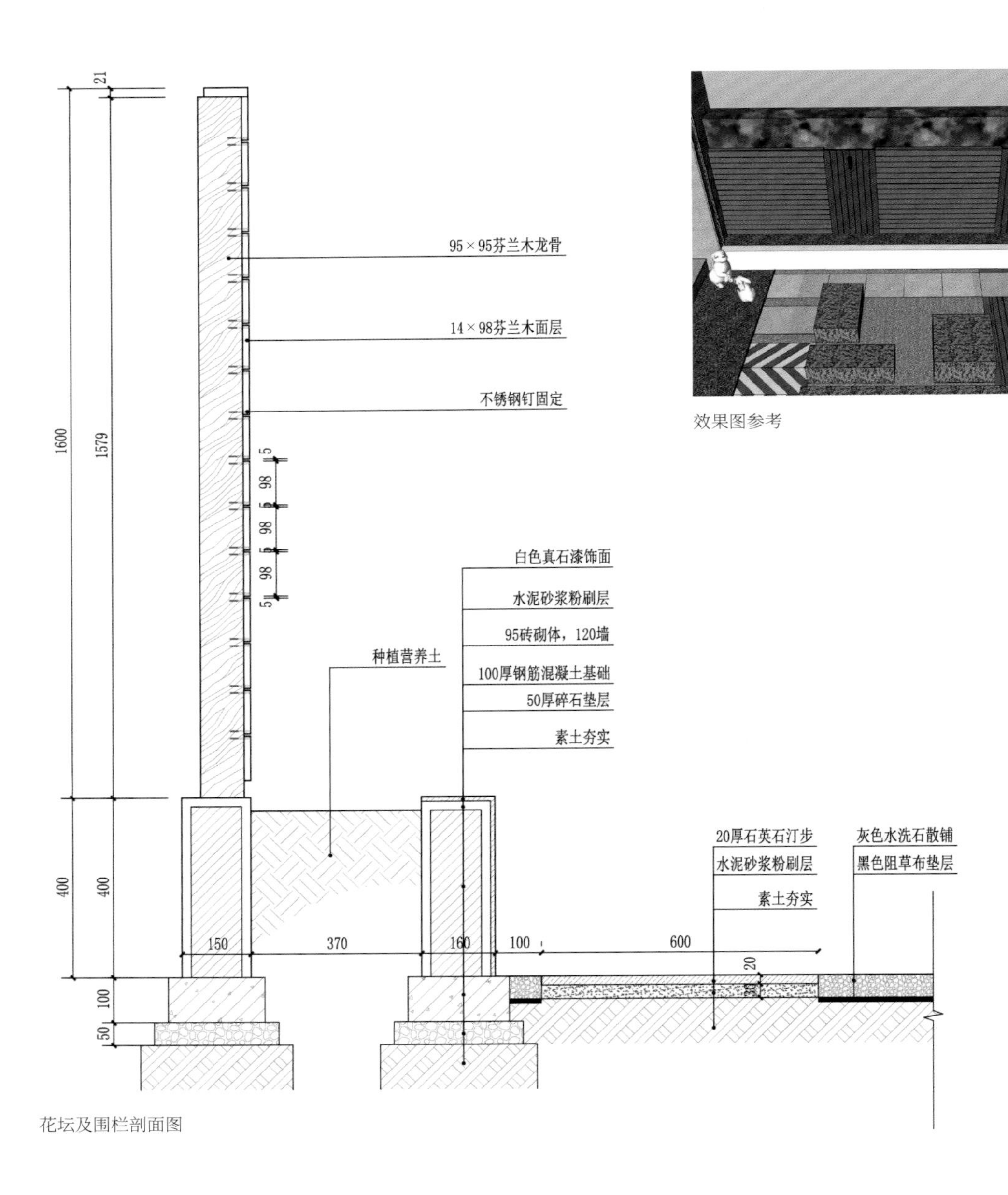

花坛及围栏剖面图

效果图参考

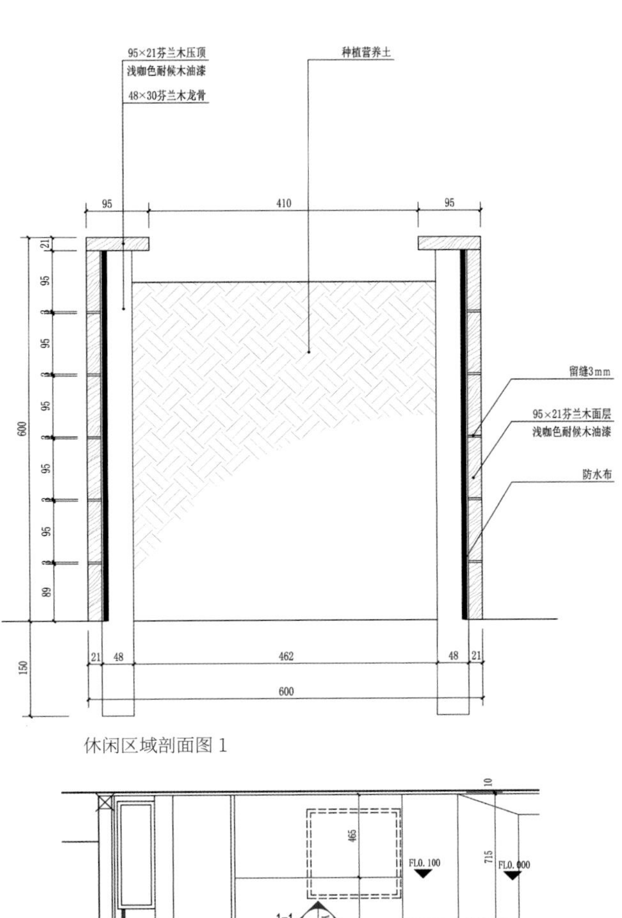

休闲区域剖面图 1

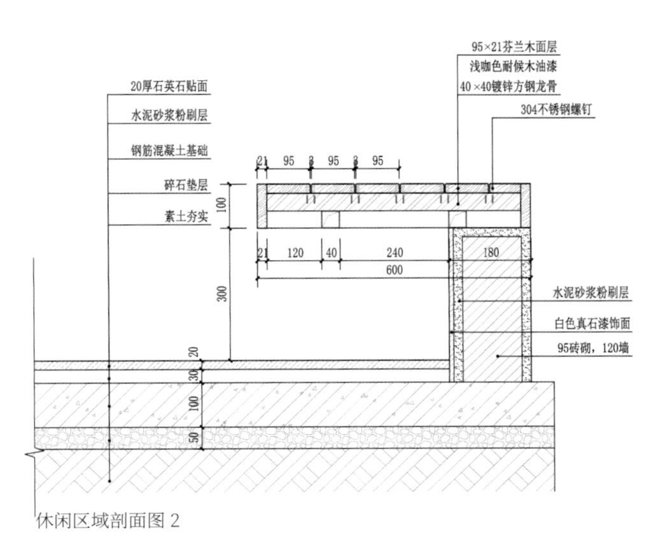

休闲区域剖面图 2

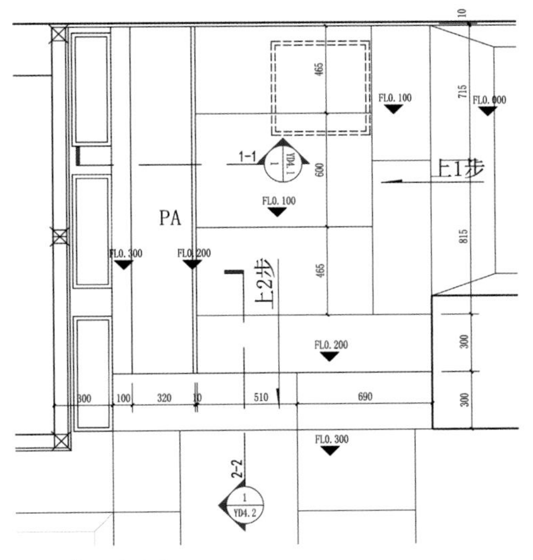

台阶及花坛平面图

白色真石漆饰面
种植营养土
水泥砂浆粉刷层
95砖砌，60墙
304不锈钢收边
深灰色氟碳漆饰面
20厚石英石贴面
水泥砂浆粉刷层
100厚钢筋混凝土基础
碎石子垫层
素土夯实

台阶及花坛剖面图

凤起和鸣

项目地点：江苏省无锡市
花园面积：252.3 m²
花园风格：现代简约
工程造价：21 万元
施工周期：2 个月
设计师：蔡丽
设计、施工单位：苏州皇家御林景观工程有限公司

项目概况

花园位于建筑的东面和南面，整体呈 L 形。为满足园主观赏性和实用性并存的花园构想，设计以洗衣阳光房、餐厅、休闲桌椅、秋千和小空间水景为主要元素，打造了一处既具实用功能又能休憩放松的景观空间。

1. 入户平台
2. 采光井
3. 秋千
4. 汀步
5. 散置砾石
6. 微地形景观
7. 入院铺装
8. 花箱
9. 休息区铺装
10. 流水台
11. 花坛
12. 塑木平台
13. 操作台
14. 侧院入户平台
15. 侧院铺装
16. 花境
17. 铝艺亭
18. 围墙
19. 景墙

平面布置图

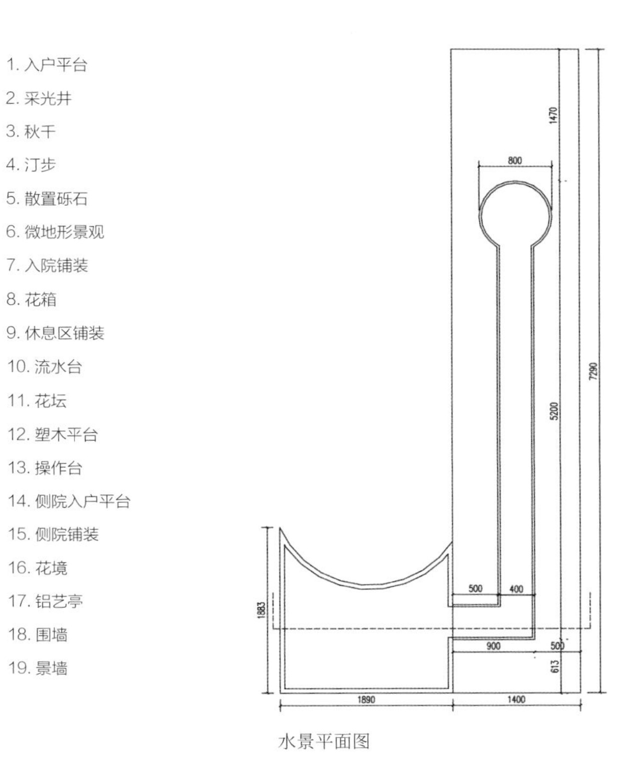

水景平面图

设计细节

为保障院子的私密性，在围栏前做了半镂空造型铝板，色调与建筑外观相协调。侧面藏有暖色灯带，与园中小景交相辉映。

将户外用餐区抬高了一个台阶，搭配长形餐桌和操作台使用，地面选用户外专用塑木地板，无污染，维护简单。休闲区上方搭配遮阳棚，开启地埋灯，下雨天也可细赏江南雨景，疗愈身心。

休闲区则采用弧形台阶递进，用跳色的台阶形式，下嵌灯带，搭配墙上的壁灯，增加趣味性和氛围感。

坐凳采用木质压顶，侧面也用木质进行装饰，与L形院子形成呼应。边上细长的水景缓缓流淌，敲打在尽头的卵石上，感受着小镜面水的美感，倒也身临其境。软装矮椅刚好跟餐椅的视角差不多，丝毫不会影响欣赏美景的视线。

花坛中的骨架植物有两棵，一棵石榴树，一棵橄榄树，再搭配一些热带植物，倒也别有一番风味，晚上射灯一开，树影婆娑，富有诗意。

为了解放双手，还安装了自动喷灌，这样就不用每天为浇花弄水而烦恼，一键浇花，灵活快捷。

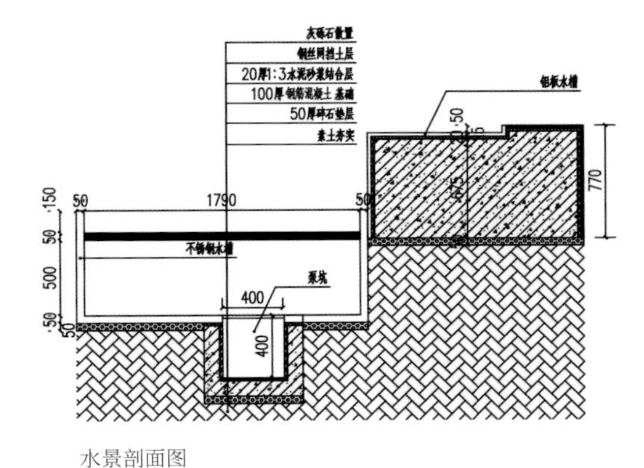

水景剖面图

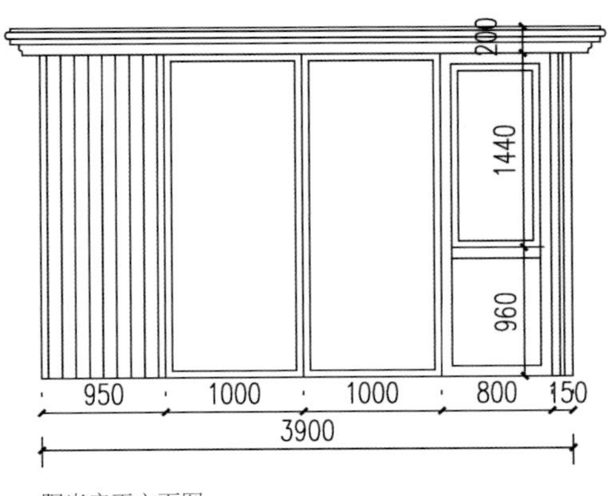

阳光房正立面图

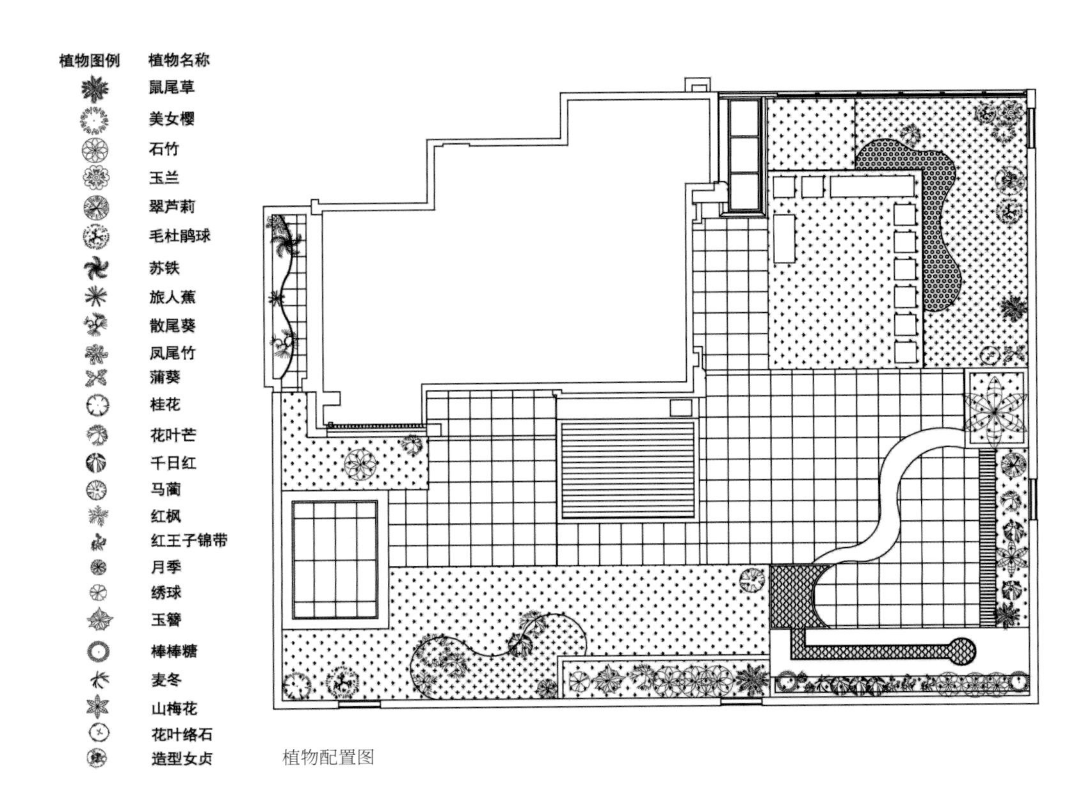
植物图例
植物名称
鼠尾草
美女樱
石竹
玉兰
翠芦莉
毛杜鹃球
苏铁
旅人蕉
散尾葵
凤尾竹
蒲葵
桂花
花叶芒
千日红
马蔺
红枫
红王子锦带
月季
绣球
玉簪
棒棒糖
麦冬
山梅花
花叶络石
造型女贞

植物配置图

双珑原著

项目地点： 江苏省常州市
花园面积： 255 m²
花园风格： 现代简约
工程造价： 36 万元
施工周期： 3 个月
设计师： 王宇光、刘淼燕
设计单位： 悠境景观设计工程（常州）有限公司

项目概况

本案分为东院、西院及屋顶花园三部分，东西两院以景观为主，屋顶花园以休闲为主。在与园主的沟通交流中，能感受到对方比较崇尚简约时尚、休闲温馨的生活方式，希望能打造一个干净、清爽的花园空间。

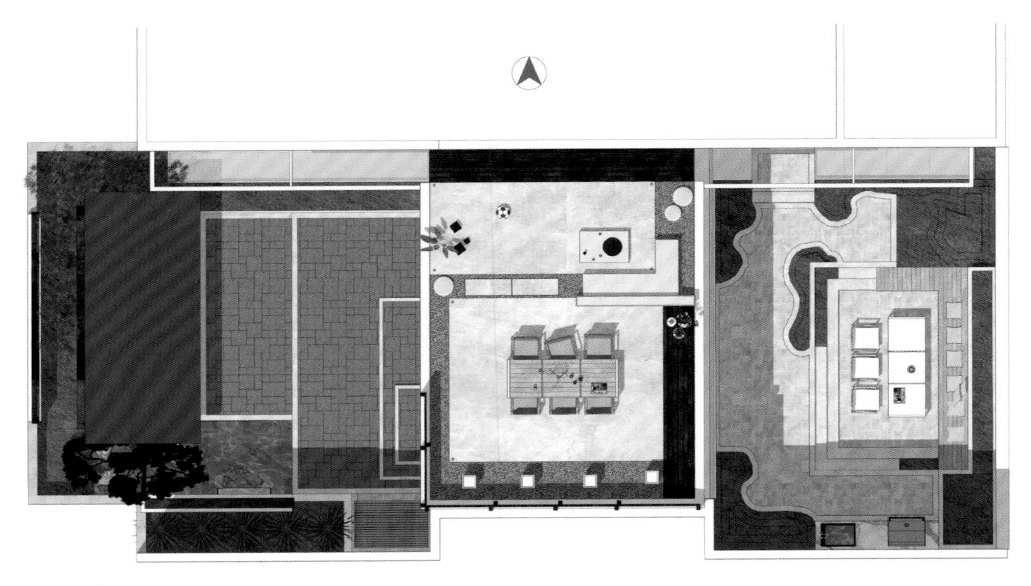

平面布置图

设计细节

为满足庭院观赏与休闲的双重功能，设计师以现代的手法，营造出简约内敛的花园氛围，让逃离城市喧嚣的人们感受亲近自然的生活调性，达到人与自然的平衡。

东院与茶室相对，茶室外的罗汉松郁郁葱葱，与小叶黄杨、龟甲冬青、茶梅等形色各异的植物围合组成有趣的空间， 赏花开的曼妙，听脚下的足音。台阶、花境、座椅包裹着的下沉空间是聚餐、品茗等活动的绝佳场所。

西院正对着客厅，场地注入了悠闲惬意的意境表达，由廊架、水景、植物组成。西院是主要的休闲活动区域，从客厅望去，灵动的瀑布、稳重的廊架、蓬勃的植物，每一角度都别有韵味。廊架下，茶桌上，檀香袅袅，水声潺潺，惬意而自在。

“酷”是园主的个性，也是屋顶花园的主旋律，主要采用黑白色调进行设计。当夜幕降临，在黑色的木板墙前、白色的地面上点燃炉火，约上三五好友，在岁月流逝间，一手烟火一手诗意地将花园融入自己的生活。

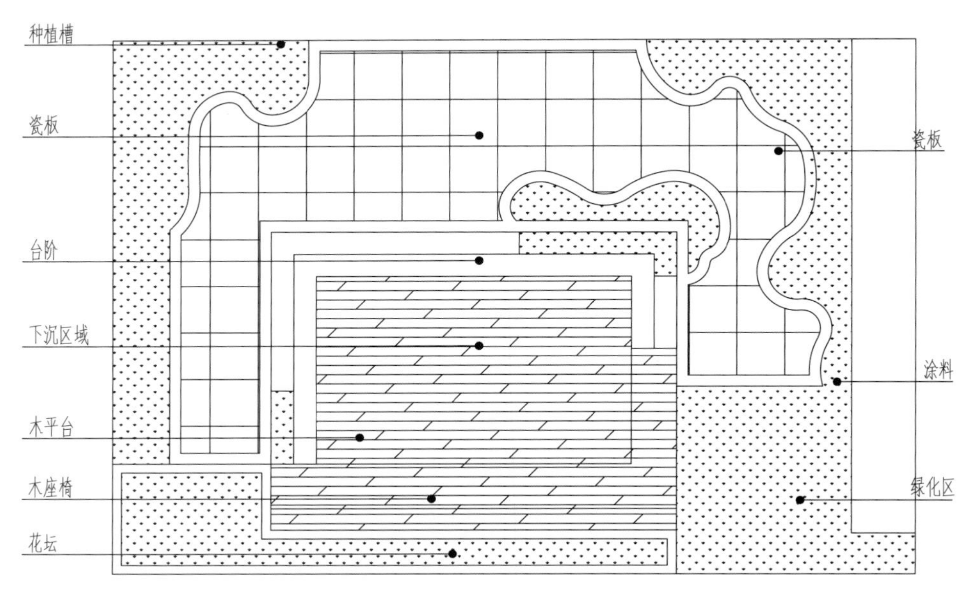

东院平面图

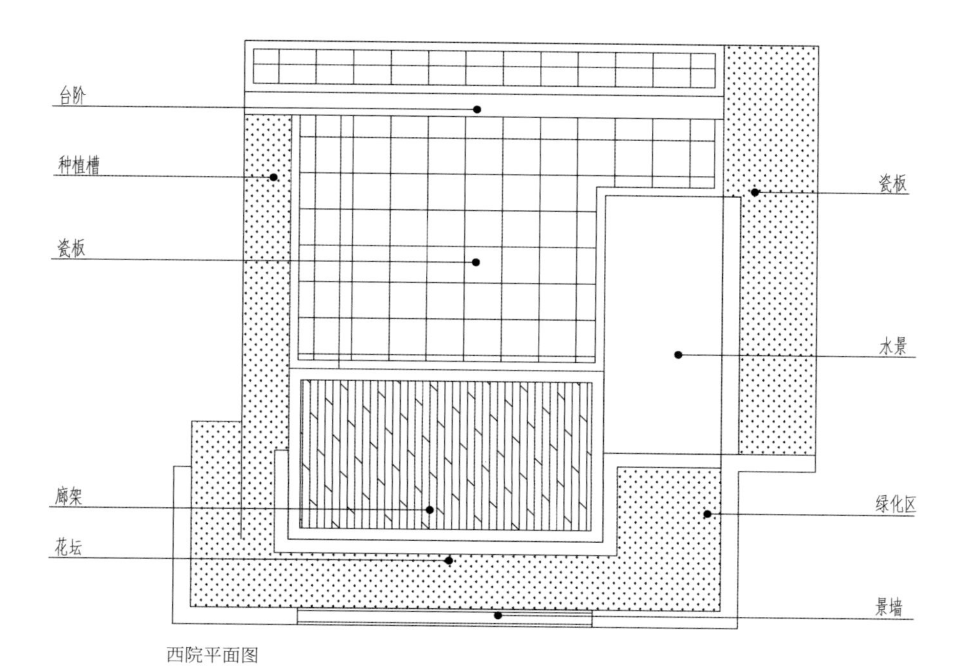

西院平面图

同乐园

项目地点：上海市
花园面积：292 m^2
花园风格：简约时尚
工造造价：50 万元
施工周期：2 个月
设计师：伍琨、张健
设计、施工单位：上海苑筑景观设计有限公司

项目概况

这是一座接近 300 m^2 的花园，因为杂乱，园主已经许久不曾踏入，希望此次改造能为家庭营造一个美观、温馨、易维护的户外环境，同时也给孩子一个陪伴成长的友好花园空间。

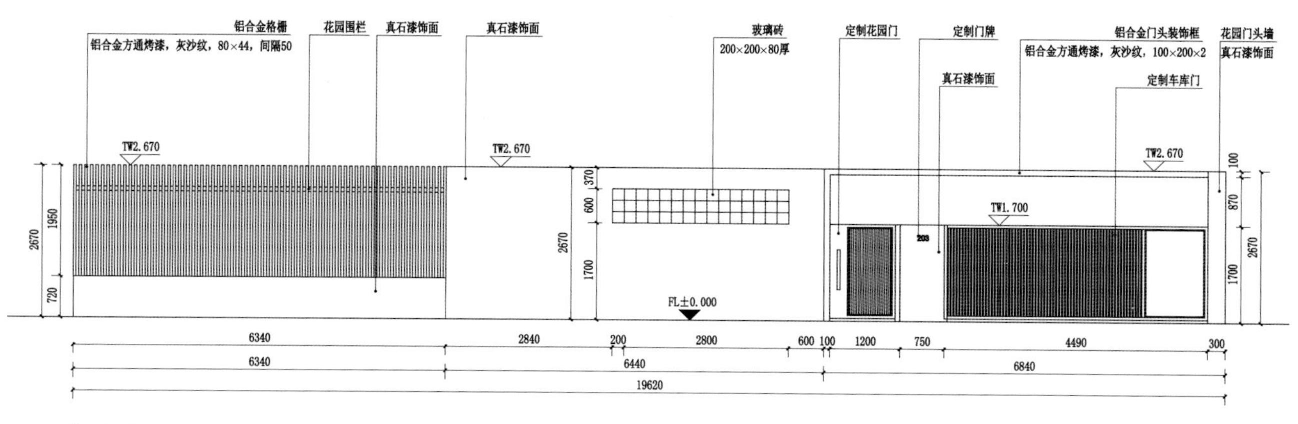

花园门头立面图

设计细节

孩子成长的不同阶段，游戏活动的需求也会发生变化，设计师需要考虑空间应对孩子成长变化的多元性。为此，我们设置了一块开阔的草坪作为多功能活动区，采用高品质仿真草坪，更易维护。草坪上可以扎帐篷、进行球类运动等。

在草坪路边的花境旁设置了秋千架，随着不同时期，可以更换合适的秋千椅或秋千沙发来使用。衔接室内的休闲木平台与游戏草坪间特别设计了无障碍坡道，方便小朋友的各类玩具车可以"畅行"园中。

当然，只是满足小朋友的需求是不够的，大人的"下沉"休闲区通过抬高木平台提供了出户便捷性，这里可以围炉而憩，或倚上吧台喝上一杯，伴着火光的跳跃，温馨而烂漫。

刚需的户外就餐区中，操作台、卡座也结合在木平台中，通过挑空景墙，既分隔了空间，又营造出景深与空间层次。

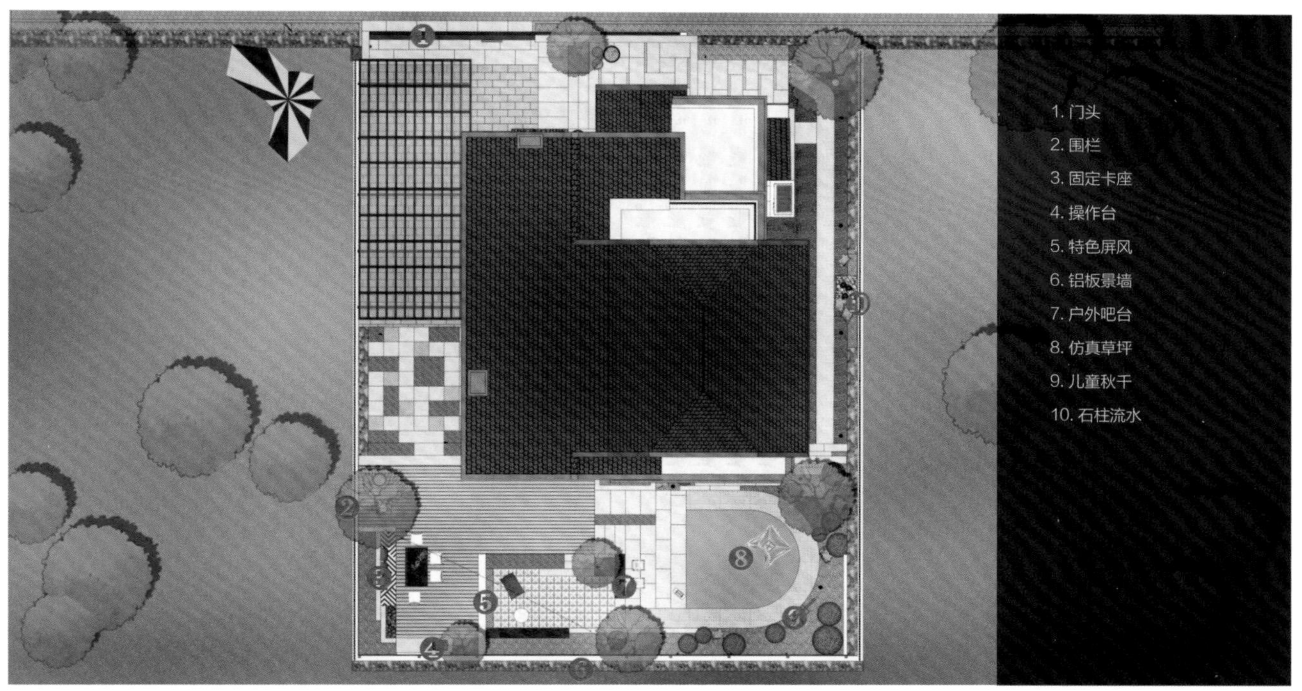

平面布置图

绿城玫瑰园

项目地点： 江苏省南通市
花园面积： 146 m^2
花园风格： 现代简约
工程造价： 28 万元
施工周期： 4 个月
设计师： 杨康虎
设计单位： 江苏我家花园景观园林有限公司

项目概况

本案位于一楼，四面均无景可借，园主希望能将之打造成私密性较强的围合空间，自成一景。

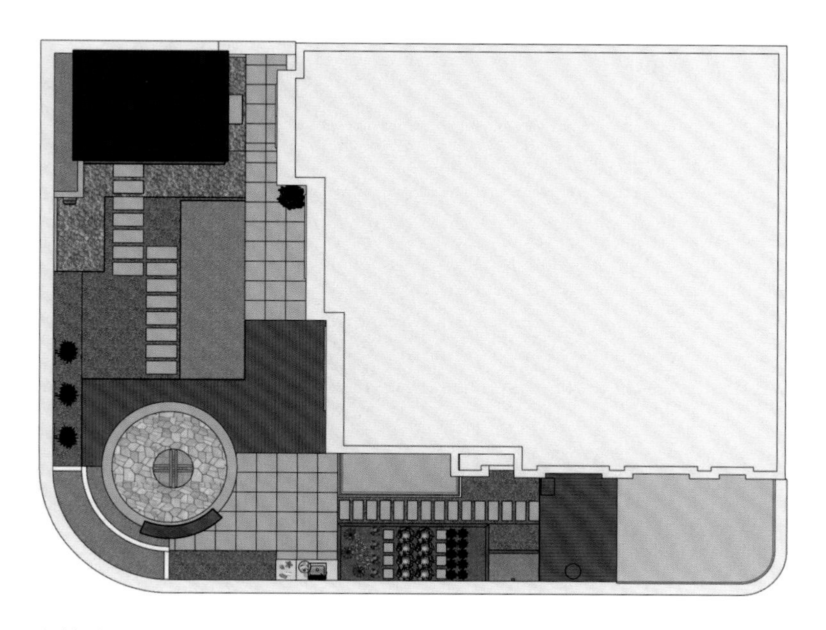

平面布置图

设计细节

为保证花园的实用性，充分释放空间，采用公园设计的形式，在花园中融入了户外客厅和餐厅的功能，让主人在会客、用餐、品茗之时也能享受到花园带来的宁静与安逸。

会客区顶端选用开放式金属廊架，避雨遮阴，通风透气。为了增加花园的灵动感，设置水池戏鱼，感受时光与水一起静静地流淌，悠闲雅致。在原有围墙上增加金属雕花灯箱和木格栅，更富有趣味性。

为使花园与建筑之间更好融合，体现空间感，选用与建筑颜色相统一的浅色铺装材料，简单大气，温和舒适。

花园不仅是诗和远方的寄托，也承载着生活的烟火气。东侧花园功能以洗衣晾晒、烧烤休闲和蔬菜种植为主，足不出户，主人便可以采食绿色蔬果，享受避世的娱乐时光，成为平凡生活里的休憩之地。

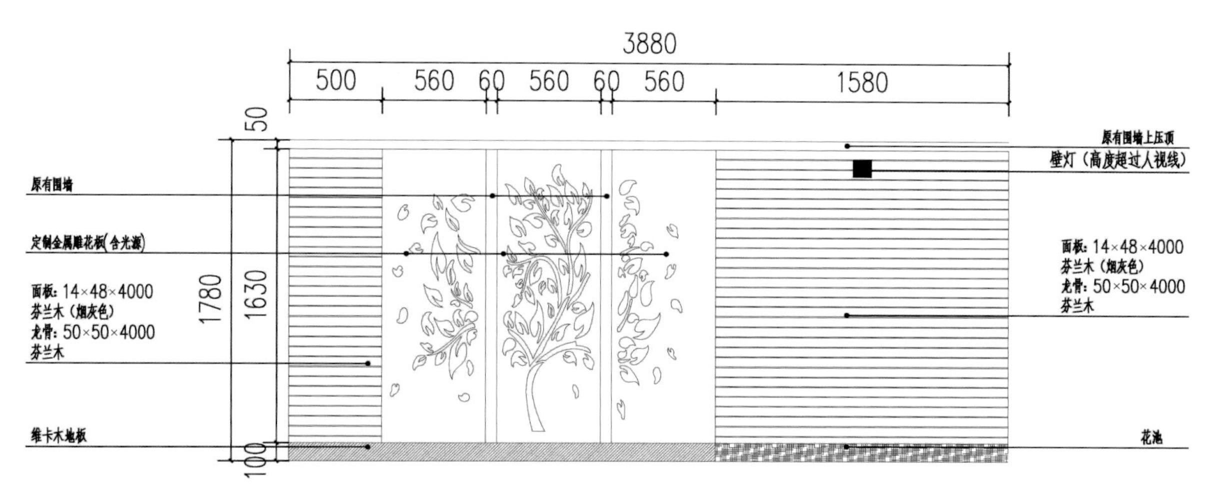

东院雕花板及芬兰木景墙详图

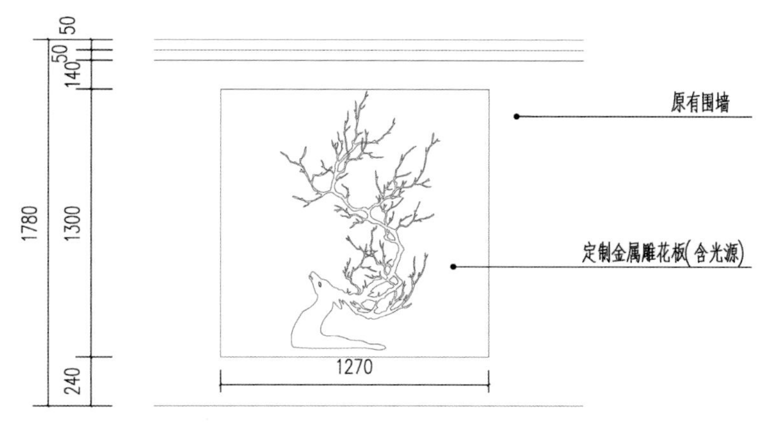

南院原有窗洞定制金属雕花板详图

华仕半山

项目地点： 广东省佛山市
花园面积： 80 m^2
花园风格： 现代简约
工程造价： 70 万 元
施工周期： 3 个月
设计师： 梁振华、郑宗鑫
设计单位： 佛山天度景观设计有限公司

项目概况

本项目为靠山别墅，院子因地就势分为三层，空间层次丰富。园主是一位室内设计师，很直接地表达了自己对花园的风格要求——现代简约，以达到与室内风格相互协调。

设计细节

在院子的空间使用上，首层面积较大，是主要活动空间，二层是过渡空间，三层是休闲区域。

首层空间开阔，主景墙现代、简洁，搭配神韵优雅的罗汉松，在灯光的映衬下显得素净雅致。楼梯采用石材与钢结构结合，化繁为简，更具现代感。

二层作为短暂的停留空间，造园师以极简的手法，利用直杆式石榴树与黑砂的搭配，营造一个大气的空间。

三层是一个休闲平台，对应三层空间的特点，L 形石凳的设计恰好把花园西南端的空间利用起来。悠闲时光，和家人、朋友品着清茶，闲谈人生，琐事的烦恼随之抛却脑后……

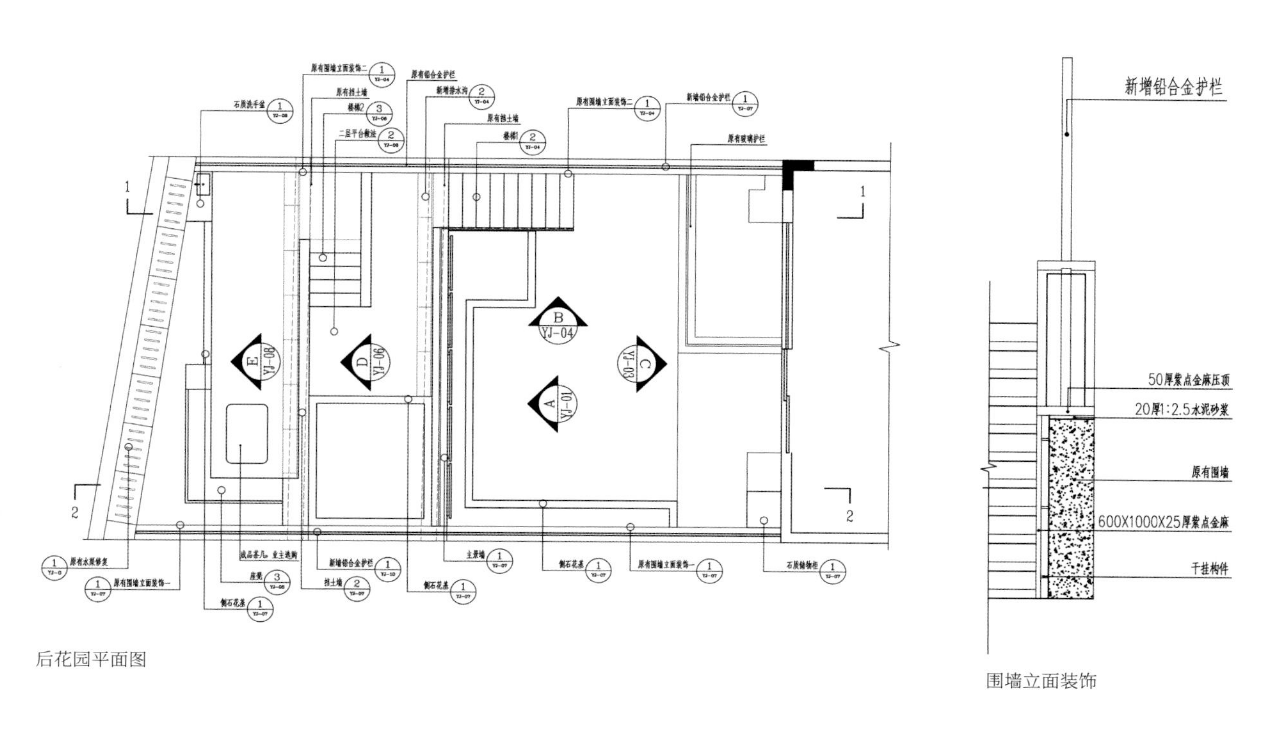

后花园平面图

围墙立面装饰

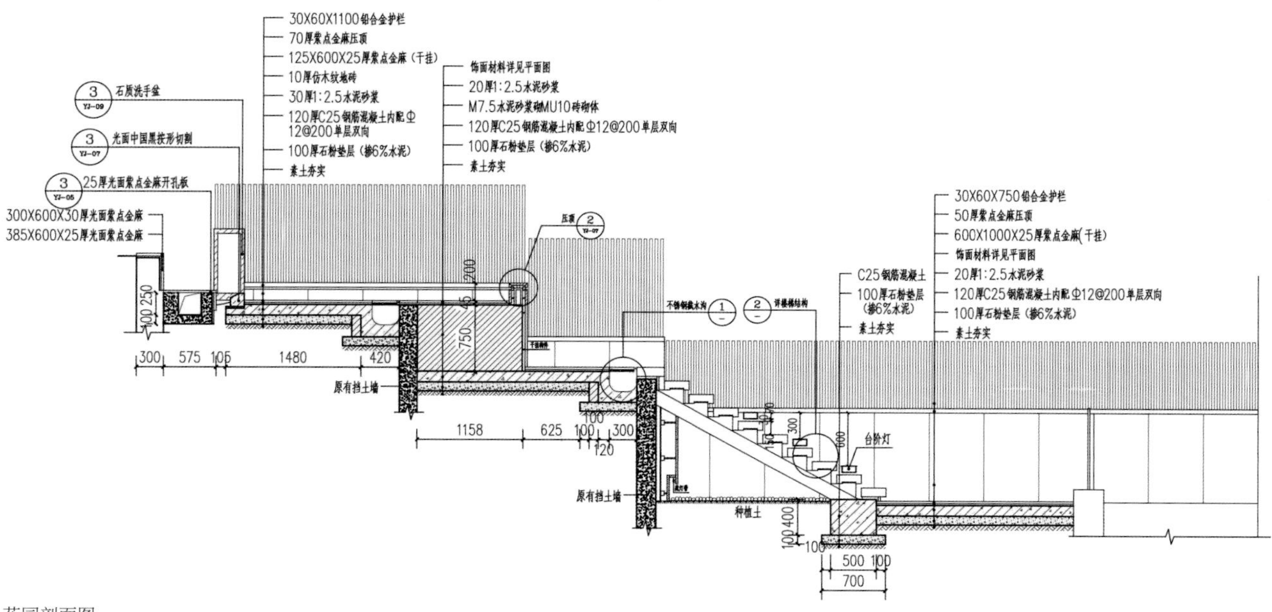

花园剖面图

新世界名镌

项目地点： 广东省深圳市
花园面积： 500 m^2
花园风格： 现代简约
工程造价： 160 万元
施工周期： 4 个月
设计师： 梁振华、吴梓珊
设计单位： 佛山天度景观设计有限公司

项目概况

项目位于深圳市宝安区，别墅依山而建，周边环境优美，西北面与小区高档会所隔溪相望。园主是一位“80后”海归，年轻有为，具独特的品位，追求简约、大气、现代的庭院氛围。

设计细节

院子分为前院，侧院和后院。前院位于一层，入口设开放式停车场，满足园主及来宾的停车需求。入户大门利用高差关系设置台阶，放置雕塑景观灯，栽植迎客松，丰富空间层次，营造品质景观效果。

侧院连接后院，位于负一层，通过石材铺装、流水景墙、景石、植物等构成主景空间，并与室内形成对景关系。

后院与会所泳池相邻，景色优美，环境优越，将之设计成一个开放式通透空间，结合园主的使用功能和造景需要，在东北角设置亲水眺望木平台，树池栽种桂花与石榴树，营造出花香满园、秋果丰收的美好景象。

庭院设计中，设计师不断精简细化，力求格调与室内保持一致，从前期方案设计到后期施工，再到院子的落成，都得到了园主的赞扬与肯定。

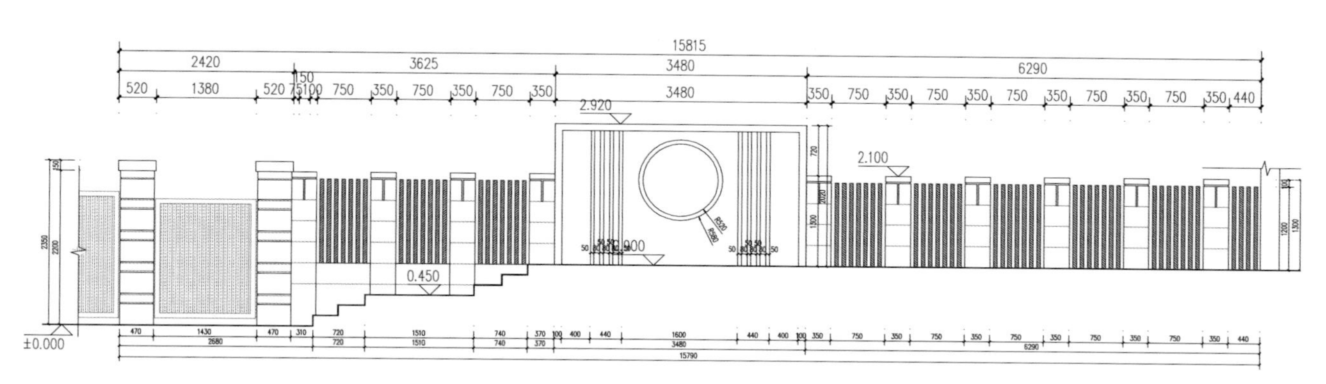

入口景墙立面图

平面布置图

现代自然风格

Modern Natural Style

16-3 别墅

项目地点： 浙江省台州市
花园面积： 340 m^2
花园风格： 现代自然
工程造价： 86 万元
施工周期： 6 个月
设计师： 宋跃斌
设计、施工单位： 杭州原物景观设计有限公司

项目概况

别墅外观呈欧式，强调功能性与观赏性的协调。园主平时有种菜、养花的习惯，布局不喜过于花哨，注重私密性，希望能设有种植区域，还有阳光草坪便于休闲。

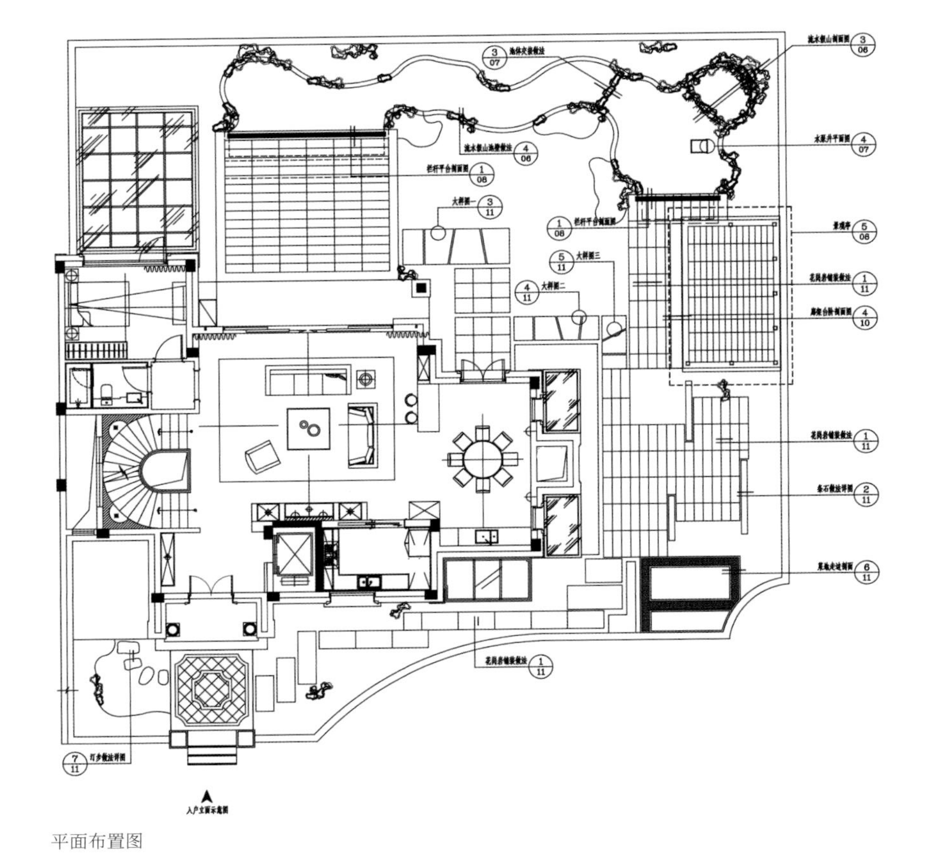

平面布置图

设计细节

前院入户空间的绿植搭配生机勃勃，采用规整的石板拼接园路，打造出浓浓的田园氛围，让园主在归家时可以卸去满身的疲惫。

沿着石板路穿行，眼前豁然开朗，种植休闲区展现眼前。为满足园主种菜、养花的需求，设计师特地挑选了阳光较好的主院一角设置种植池，再搭配一些造型别致的植物组合，观赏性与趣味性兼具。亭边的野炊露天平台方便家人和朋友聚会烧烤。再往前便是鱼池观景区了，这里设有大面积阳光草坪，视野开阔。如何处理庭院的遮挡与进深关系，成为设计时需要重点考量的问题。

为达到庭院水景的趣味感与观赏性，设计师决定将水系通过模拟山野溪流的形式呈现出来。以假山模拟溪流上游，流水通过假山层层跌入潭中，为锦鲤带来生机与活力。两边的岸石表面圆润，形态各异，充满了自然趣味。潭边设有景观亭与栏杆，休憩之余可充分赏景，体验景观之美与游鱼之乐。小溪中段较浅，水深保证了儿童的戏水安全。

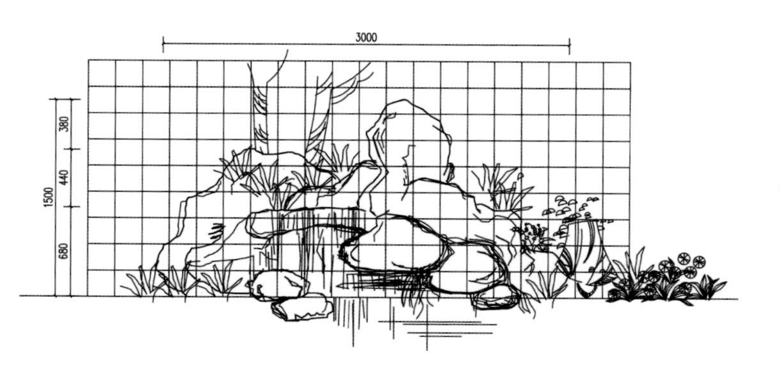

流水假山立面效果图

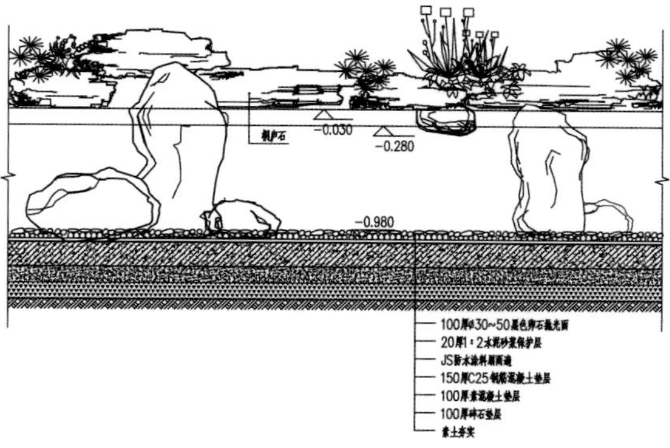

流水假山池壁立面详图

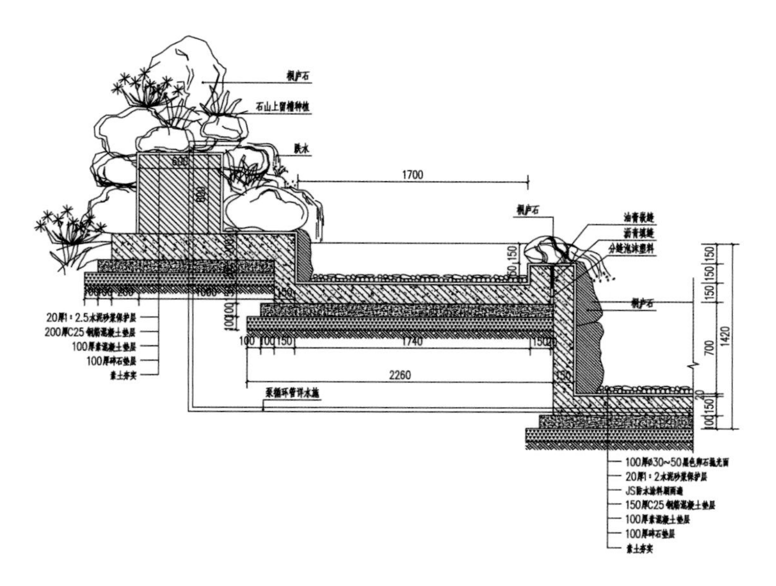

流水假山剖面图

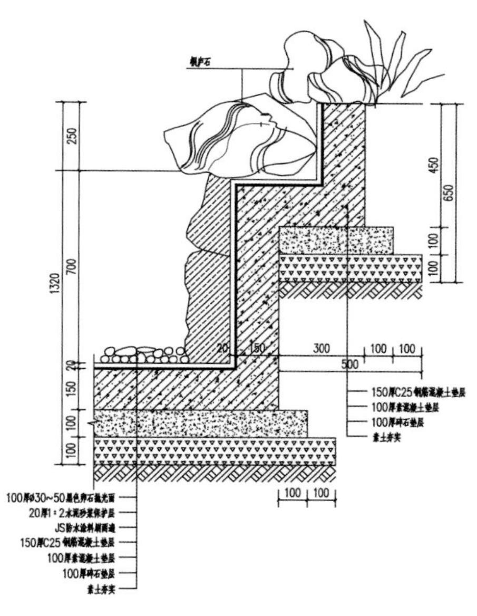

流水假山池壁做法详图

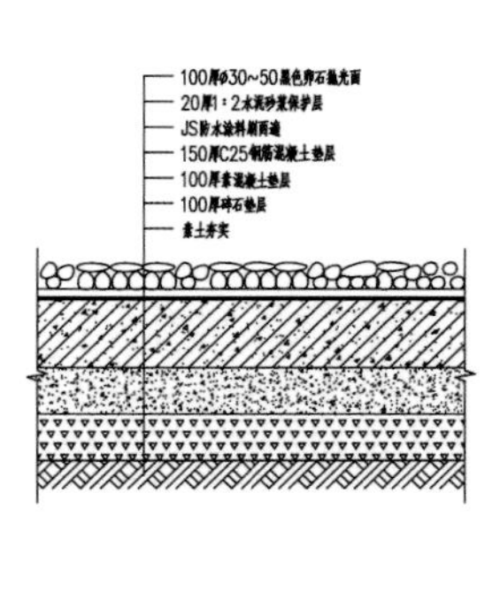

流水假山池底做法详图

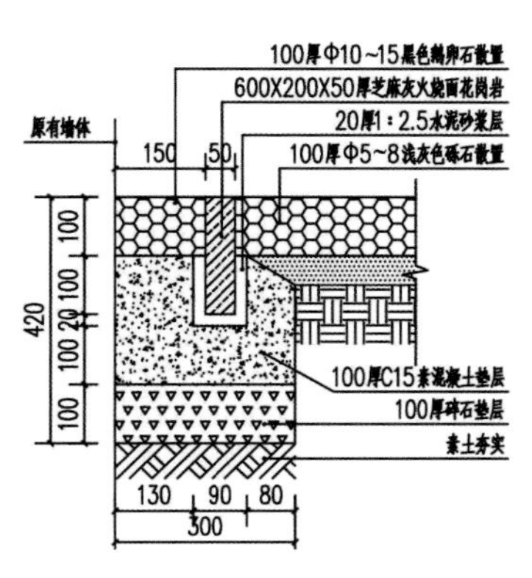

石材分割做法

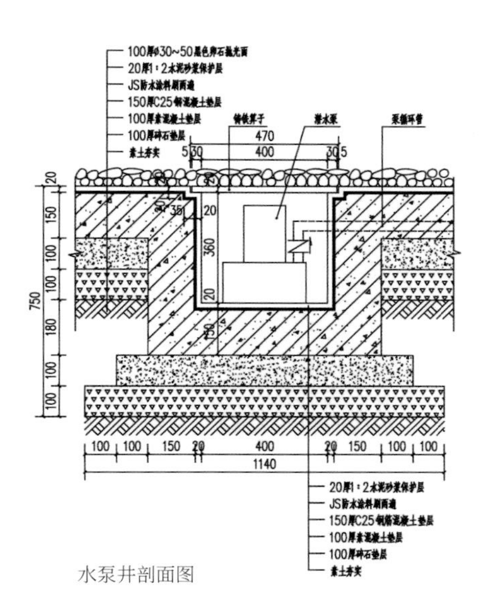

水泵井剖面图

碧影溪

项目地点： 四川省成都市
花园面积： 1000 m^2
花园风格： 现代自然
工程造价： 260 万元
施工周期： 12 个月
设计师： 汪小颖
设计、施工单位： 成都绿豪大自然园林绿化有限公司

项目概况

项目原始地形较为复杂，高差区域相对广阔，且边界不清。园主希望通过花园的设计，给他们营造出更好的生活体验，创造出更多的美好记忆，并保持持续使用的生命力。

设计细节

理清建筑周边复杂的高差关系较为费时，在所有构思开始之前，反复、仔细地对现场进行测量，最后明确界限是和建筑一层共面的前花园、后花园为一个标高，外围高差陡峭的花园作为外花园，屋顶独立的空间单独考虑。

设计师根据不同的花园定义它们的作用。前花园相邻建筑的主入口，可以作为一个干净整洁的入户花园来考虑，在保留通道的情况下，只是简单地做了植物设计与干净简洁的观赏水景。侧面的通道连通着后花园，后花园作为家庭成员的主要活动空间，在这个区域，考虑了烧烤区、休闲茶座以及锦鲤池。

外围环抱建筑的区域作为外花园。该花园高差较大，连通面积广，主要以梳理植物及道路为主，风格上也与前后花园有着很大的不同，希望体现自然、随意的休闲感受，营造出不同的氛围感。

屋顶花园是一个需要通过室内才能到达的独立空间，面积很大，需要单独设计。入口的部分做了一个弧形座椅休闲区，中间部分作为一个衔接空间，可以放置桌椅，用来喝茶、晒太阳或是偶尔聚餐。后面的空间较为隐蔽，以功能区为主，做成了菜地和洗衣房。

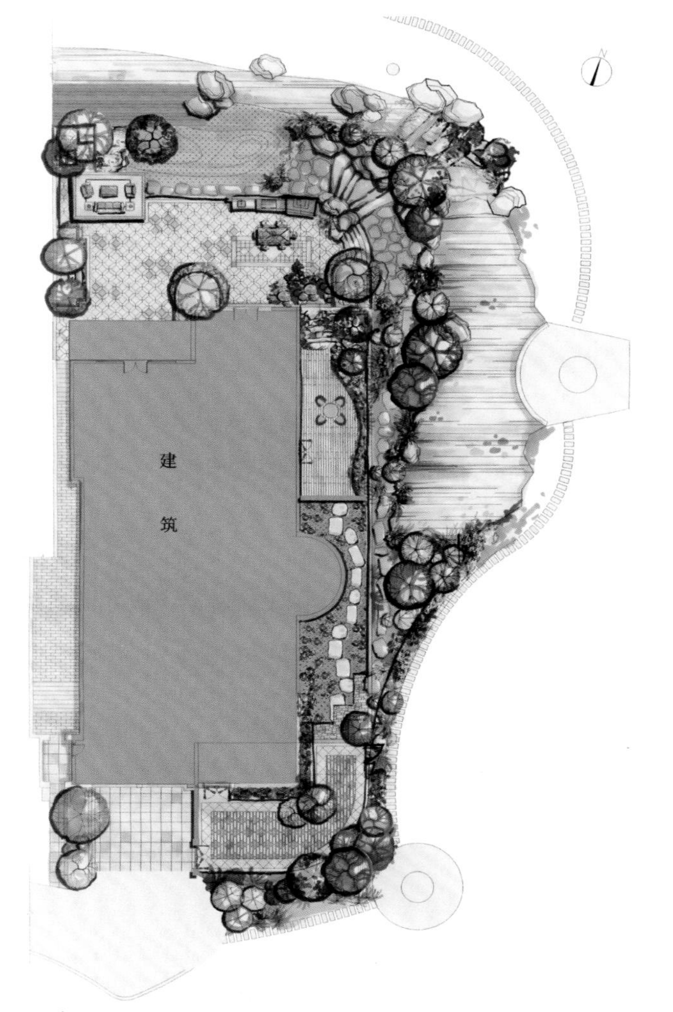

平面布置图

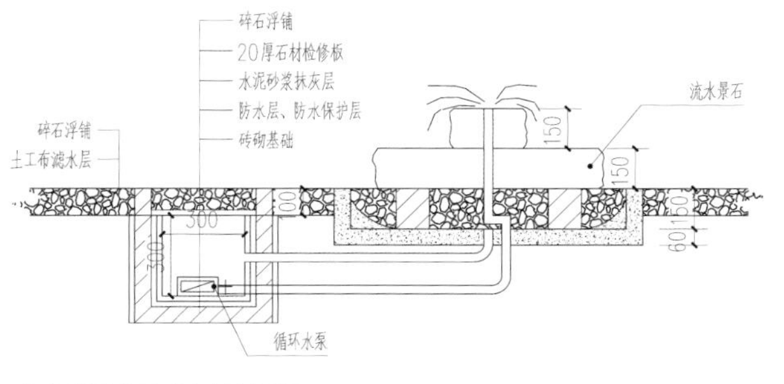

入户花园自然式水景剖面图

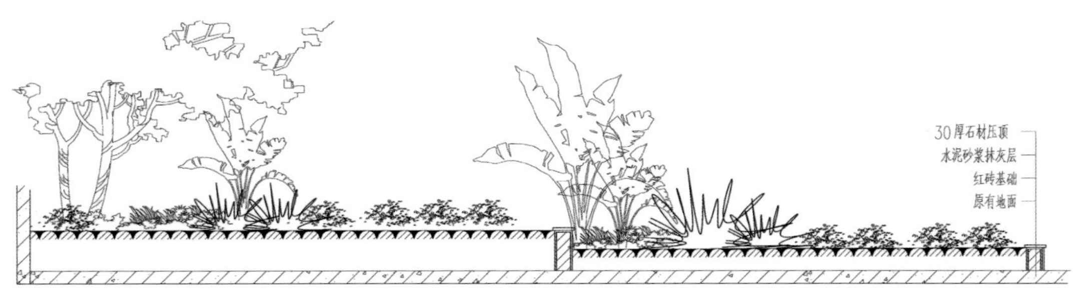

负一层跌级花池剖面图

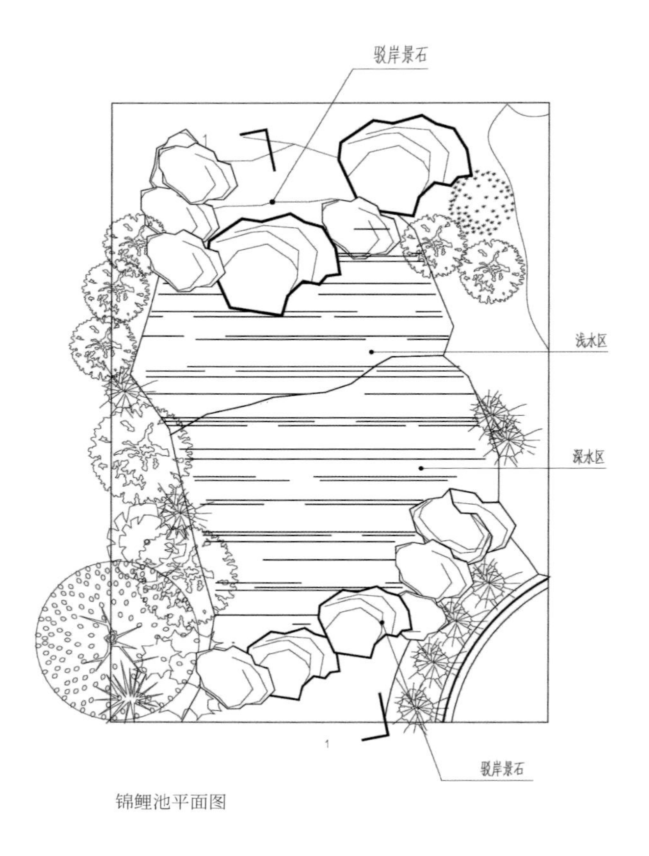

锦鲤池平面图

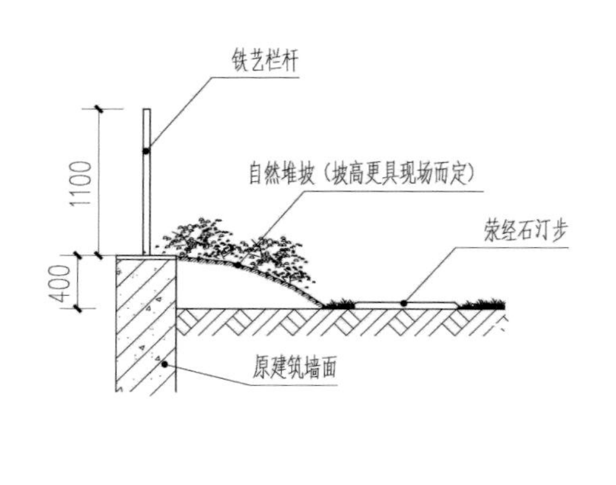

侧花园自然堆坡剖面图

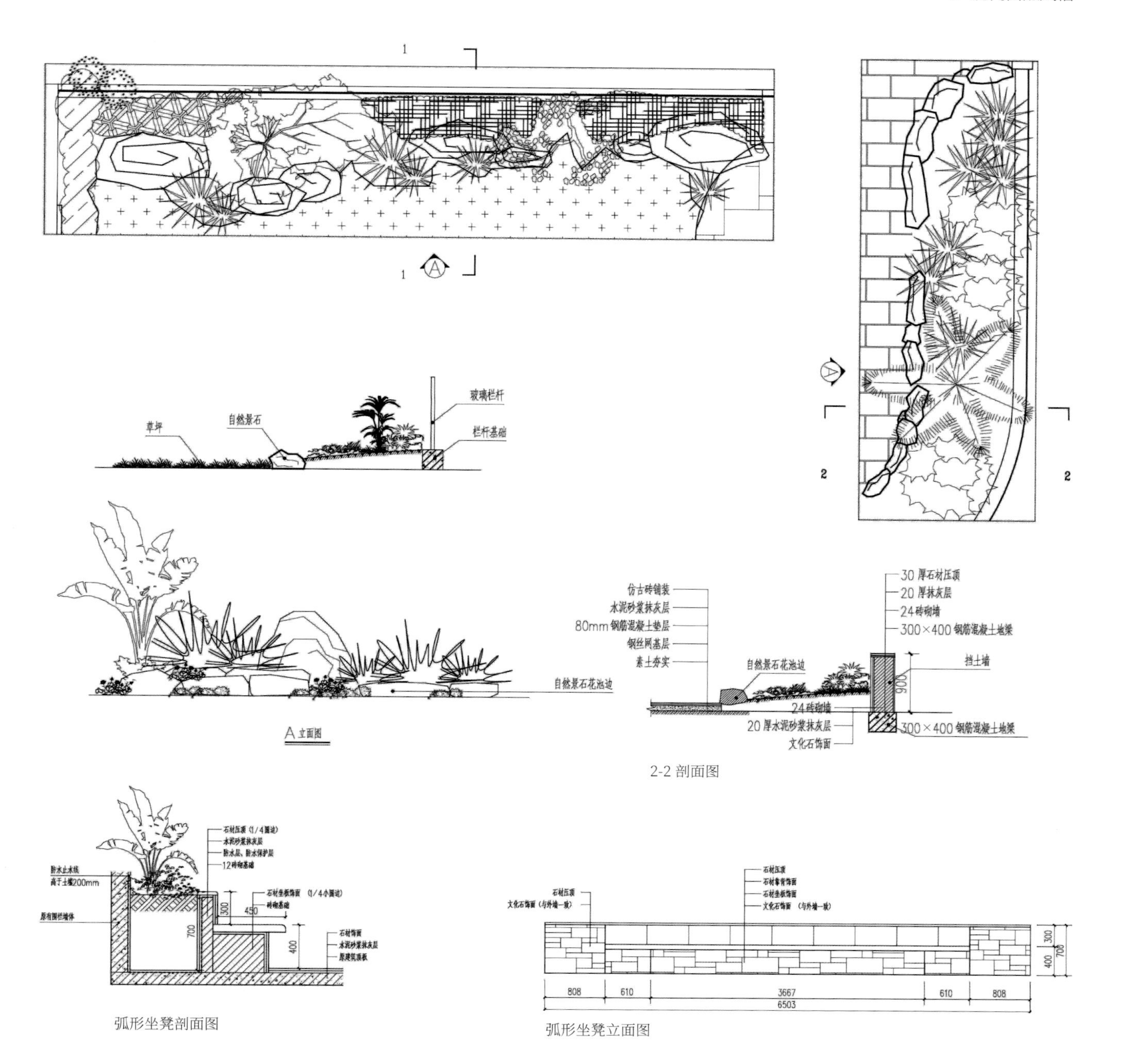

A 立面图

2-2 剖面图

弧形坐凳剖面图

弧形坐凳立面图

博观一品花园

项目地点： 山东省青岛市
花园面积： 180 m^2
花园风格： 现代自然
工程造价： 35 万元
施工周期： 50 天
设计师： 董侃侃
设计、施工单位： 青岛美汇兰亭景观工程有限公司

项目概况

花园面积不大，除功能性要求外，园主希望能打造出一处休闲的静心之院。园主喜欢花草，还希望能有一方花池，与植物进行亲密接触。

平面布置图

设计细节

立于庭院大门前，大气典雅的官帽门隐约透露出园主的稳重和睿智，两旁搭配着极具中式风格的壁灯，金黄色的灯光打破了大门略显肃穆的氛围，空间顿时温馨亲切起来。

步入庭院，铺装线条干净利落，以植物搭配突出层次，引导人们穿越狭窄的通道。复行数十步，进入南院，一扫之前的荫翳逼仄之感，空间顿觉开阔敞亮。五级台阶的高差，既打造景观层次，又为凉亭提供了安全私密的空间。

凉亭前设计了一方水池与灯箱搭配，圆形、方形的设计元素相互呼应，空间富有协调性与韵律感。水声潺潺，灯光荧荧，光影交织间杯盏更迭，也算是生活的一种方式。

视线远望，是应园主要求精心设计的花池，层层叠叠，高低错落。此处依水靠山，仿佛在默默护佑着全家的安康和乐。花池旁设有座椅及操作台，方便生活。

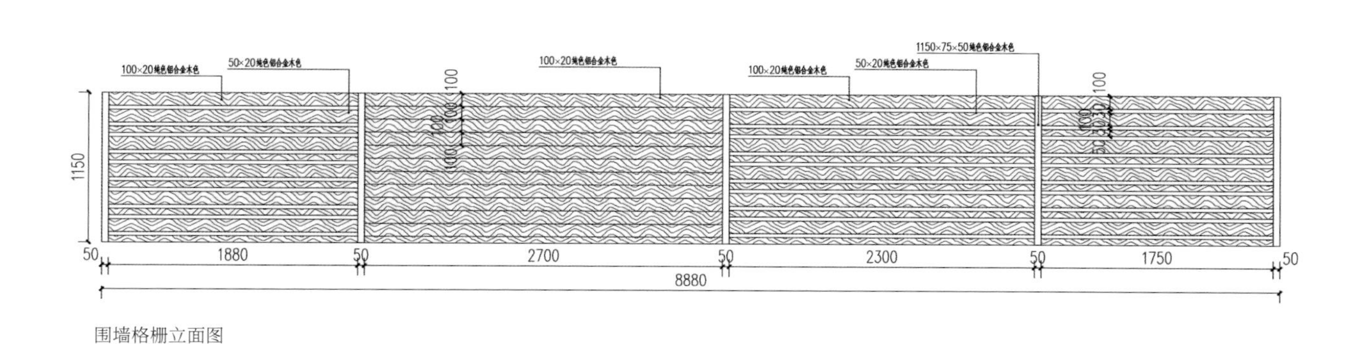

围墙格栅立面图

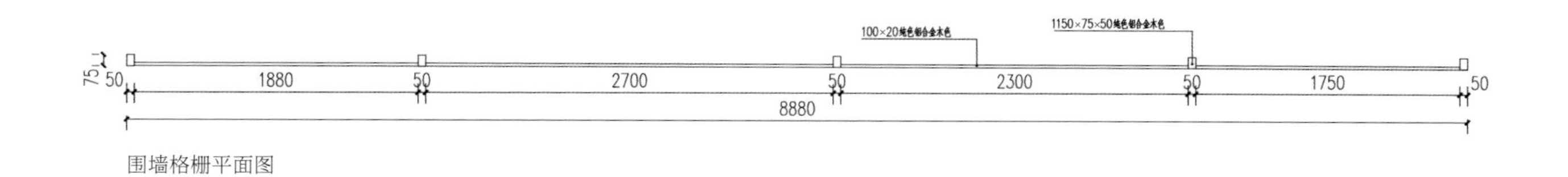

围墙格栅平面图

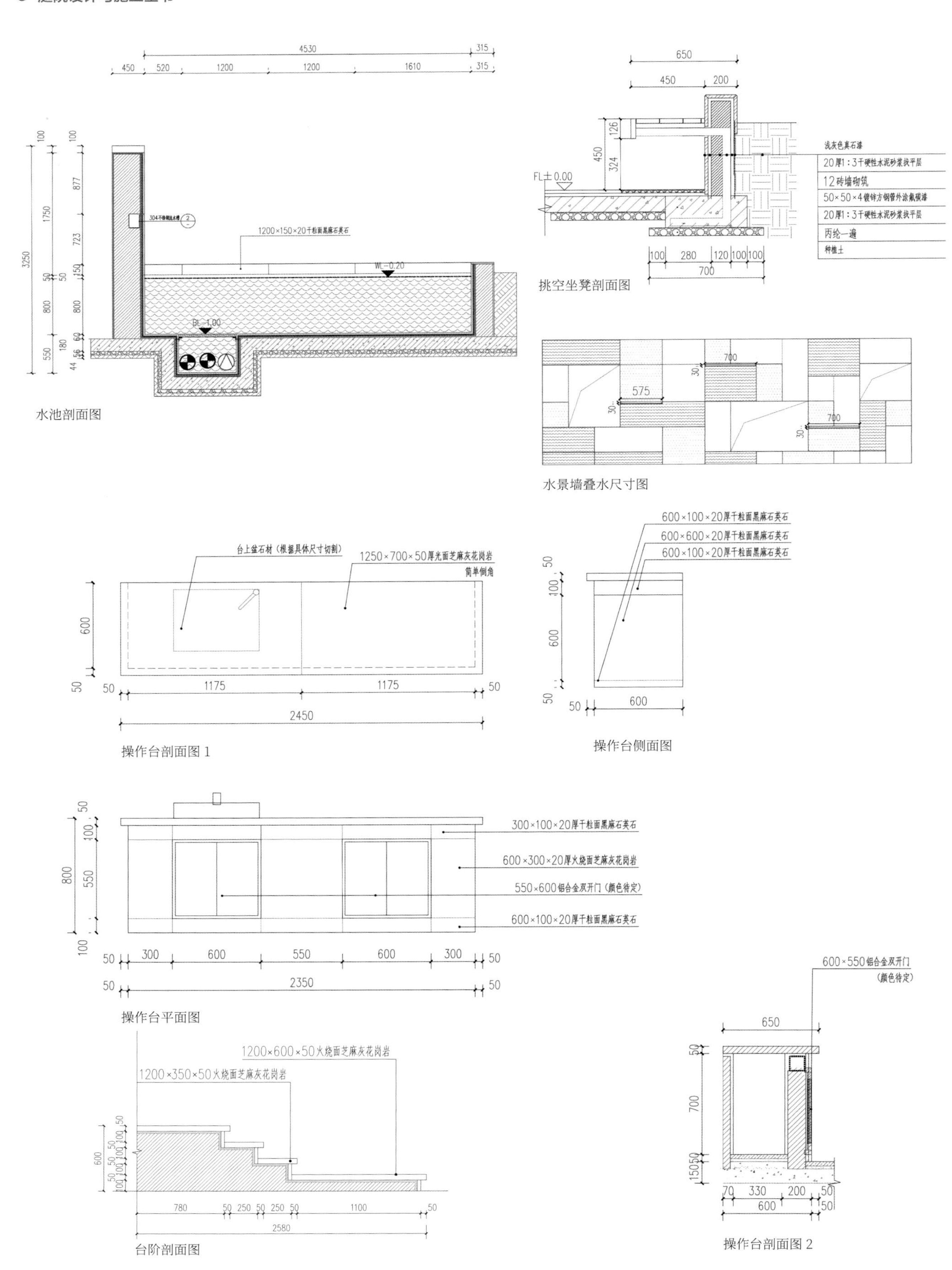

水池剖面图

挑空坐凳剖面图

水景墙叠水尺寸图

操作台剖面图 1

操作台侧面图

操作台平面图

台阶剖面图

操作台剖面图 2

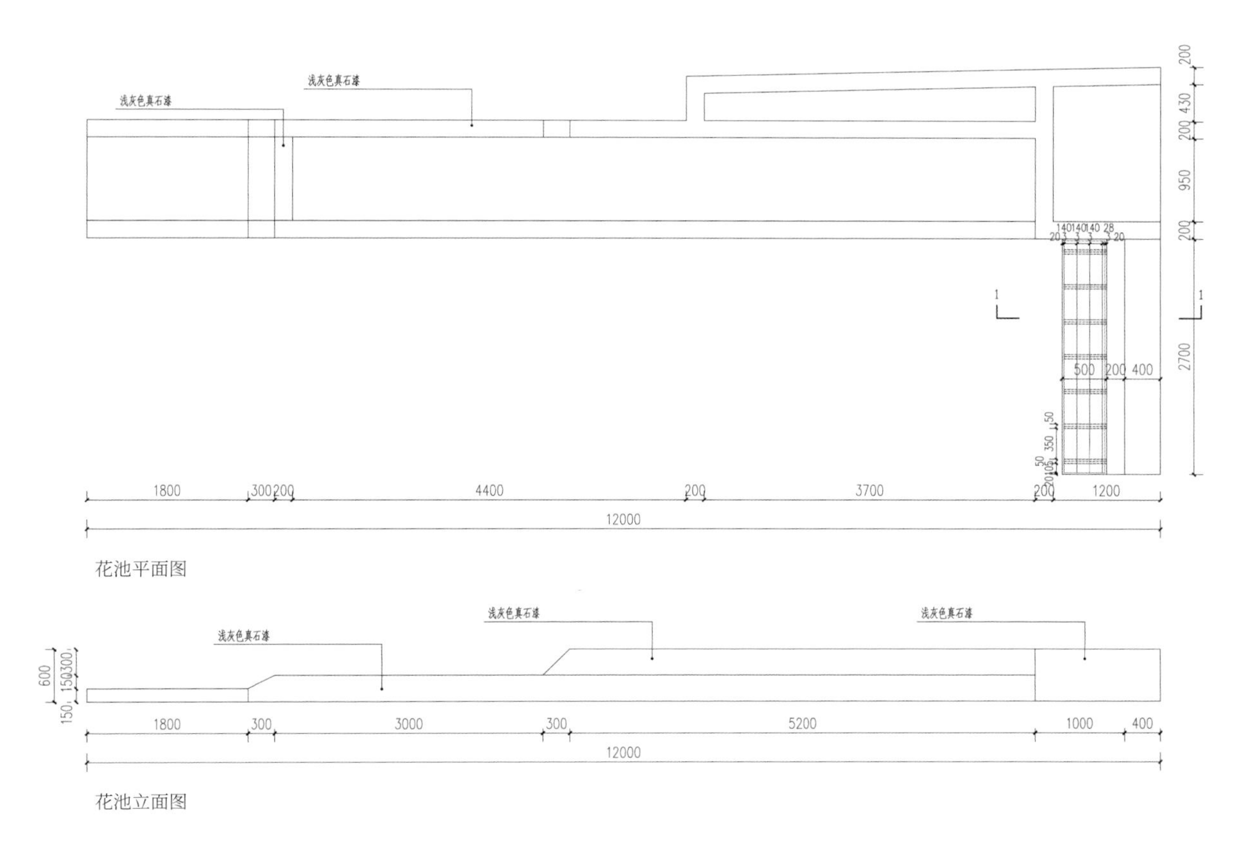
浅灰色真石漆
浅灰色真石漆
1800
300
200
4400
200
3700
200
1200
12000
200
430
200
950
200
2700
500
200
400
1800
300
3000
300
5200
1000
400
12000
600
浅灰色真石漆
浅灰色真石漆
浅灰色真石漆

花池平面图

花池立面图

博冠一品花园

项目地点： 山东省青岛市
花园面积： 136 m^2
花园风格： 现代自然
工程造价： 23 万元
施工周期： 35 天
设计、施工单位： 青岛美汇兰亭景观工程有限公司

项目概况

有别于闹市的灯红酒绿，园主想要打造一处返璞归真、轻松宁静的清幽之境。花园场地虽然狭小，但却想利用进深条件创造一处远离喧嚣的隐秘之所。

设计细节

为了打造精致且经得起时间考验的设计细节，设计师对场地中微妙的关系、铺装和材料都进行了细致的研究。

庭院整体开敞通透，折线式种植池在划分空间的同时打破了空间的单调乏味。紧邻种植池设置座椅，在这里，园主可小憩、可品茶、可读书，在清竹幽境之中去品味一段人生。

地面铺装由木塑、砾石及石材等组成，层次分明却又彼此协调。繁茂的树叶和低矮的多年生植物，让冰冷的石质铺装显得更加柔和。周围的建筑立面很高，不需要额外的遮阴设施，场地内的一棵桂花树正茂盛地展开它的树冠，悄悄释放沁人心脾的芬芳。

镂空灯箱景墙的完美融入让庭院的夜晚也拥有了奇妙的温馨感觉，树木图案与院外葱郁的乔灌木遥相呼应，彼此渗透。

身旁的石灯好似在等待着主人的回归，在月明星稀的夜晚，与家人共同享受私人订制的静谧与茶香。

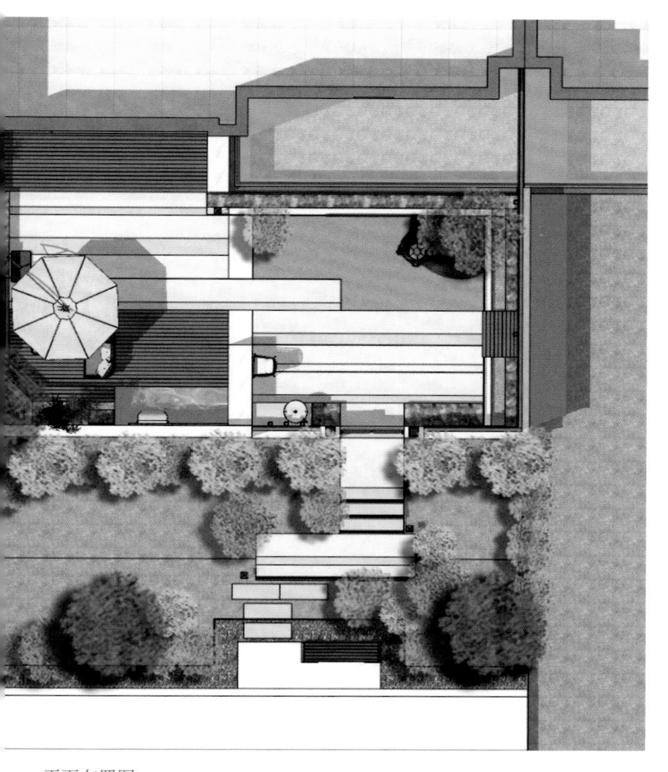

平面布置图

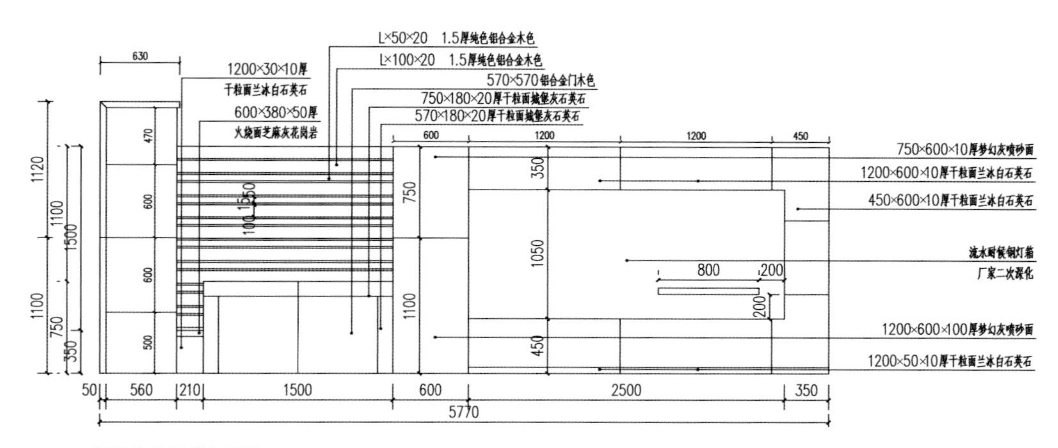

操作台水景墙立面图

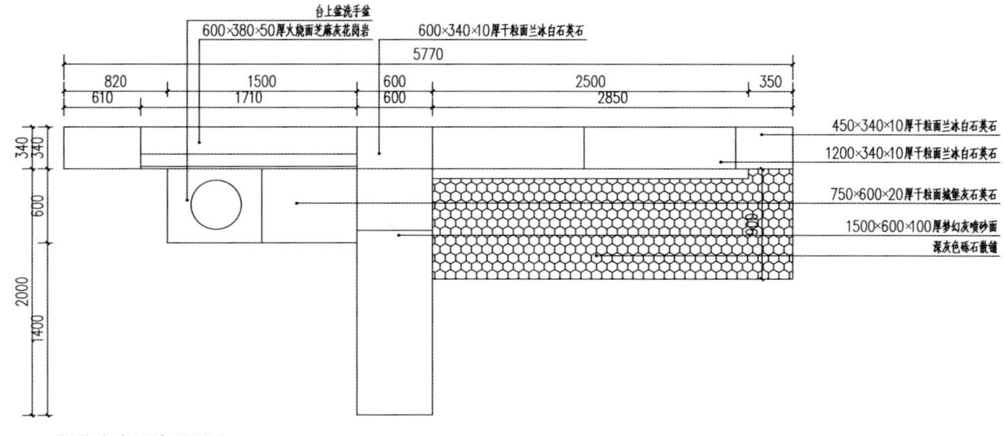

操作台水景墙平面图

得趣园

项目地点：湖北省武汉市
花园面积：165 m^2
花园风格：现代自然
工程造价：30 万元
施工周期：45 天
设计师：张俊
设计、施工单位：湖北艺禾景观设计工作室

项目概况

项目位于武汉沙湖公园，以展示花园与生活为主题供市民参观。设计需要充分体现优质花园的生活品质，营造户外空间优美生态环境。花园分为动、静两个分区。

鸟瞰图

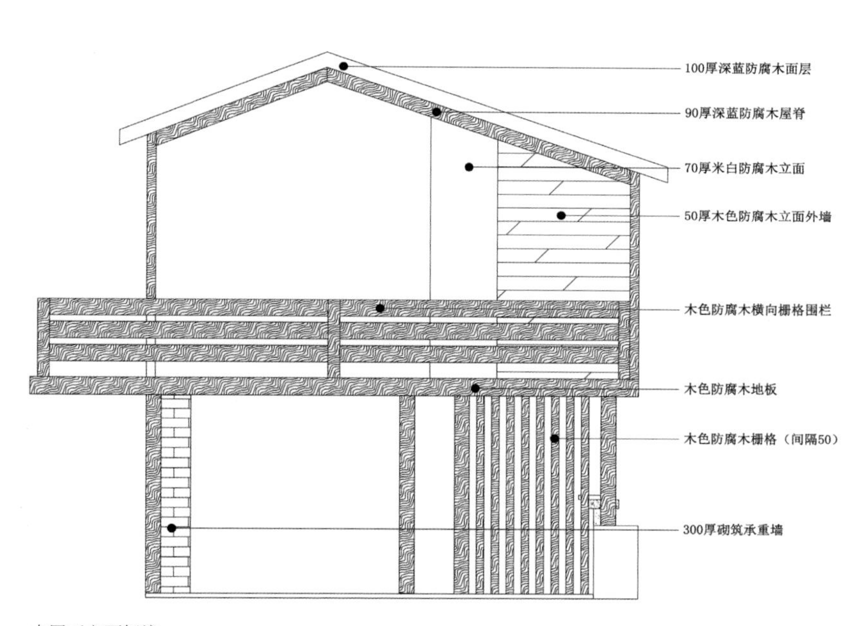

木屋正立面标注

设计细节

动区人行动线由虚实路径形成环线，设有两个人行入口，以聚会、游园赏景、会客为主要功能，无论是坐在户外平台上观赏水景，或是站在二层眺望远景都非常惬意。水景是另一重点景观区，绿荫环绕，波光粼粼，水池静面的设计使休闲区更具生动活力。

静区位于花园尽端，木屋为主要构筑，供游客停留观赏。造景以静观为主，具有一定私密性，不论是在休闲区停留还是行走，都能以最好的视角欣赏庭院，既方便通行，又兼具观赏、遮阴的作用。登高木屋可更好地欣赏花园全景。

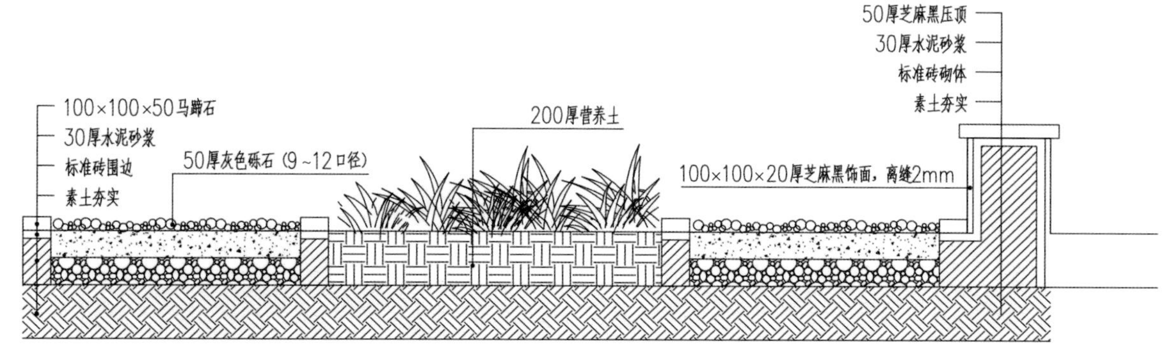

矮挡墙剖面图

园梦时光

项目地点： 上海市
花园面积： 800 m^2
花园风格： 自然复古
工程造价： 200 万元
施工周期： 4 个月
设计师： 伍琨、张健
设计、施工单位： 苑筑景观（One Garden）

项目概况

在繁华的城市生活久了，人们特别希望拥有一个自然森系的家园。大自然的宁静、洒脱与家的温馨融为一体，让人可以逃离都市的繁杂。

这座花园面积较大，位于市郊，园主最大的要求是“自然野趣”，希望植物可以自由生长，天真烂漫。

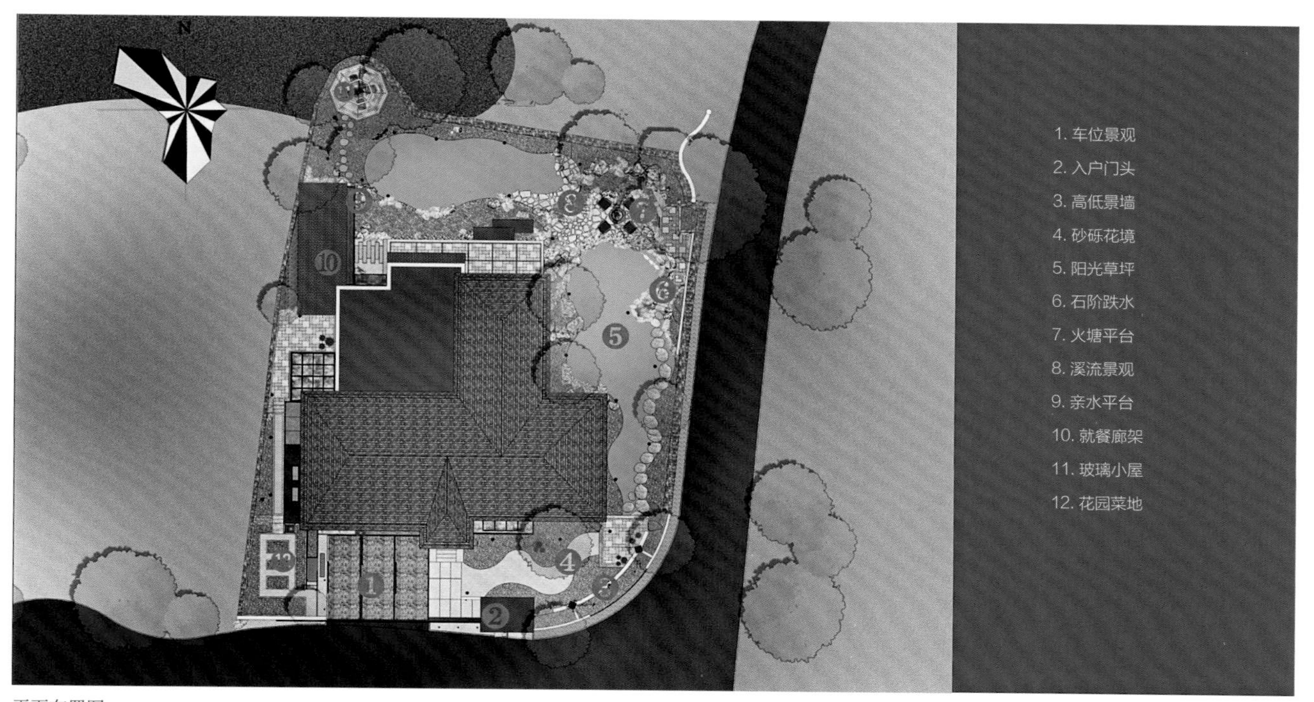

平面布置图

设计细节

沿着房屋东侧蜿蜒的石子小路走进去，视野豁然开朗，花木摇曳，绿草如茵。设计师堆土造坡，让地势自然绵延起伏，冬青树木的围合模糊了园子边界。

不拘定式，不求奇巧，以自然山涧的方式去堆叠山石，流露出本真、古拙的错落之趣。两条溪流巧妙穿插，不停流淌，构筑的台地最适合在此徜徉书海。

汀步连接了花园与室内，一出门就能戏水喂鱼，拈花弄草。脱下鞋袜，凉凉的清泉穿过脚趾，工作的纷扰瞬间瓦解。

园子里的构筑和隔断都以黑色框架、白色墙体为主，既与主建筑风格相呼应，又增添了移步换景的空间趣味。设计师挑选了上百种四季交错的植物，满足园主对自然野趣的要求。

花园西北角绿树掩映处，藏着一座玻璃阳光房，复古的铁艺造型和典雅的枝形吊灯，烘托出恰到好处的浪漫氛围。无论是享受日光浴或是月下独酌，都是一个温暖、私密的宁静之所。

玻璃房左侧，是老榆木刷白构筑的半户外用餐区。此处靠近室内的厨房和餐厅，最适合亲友把酒言欢。

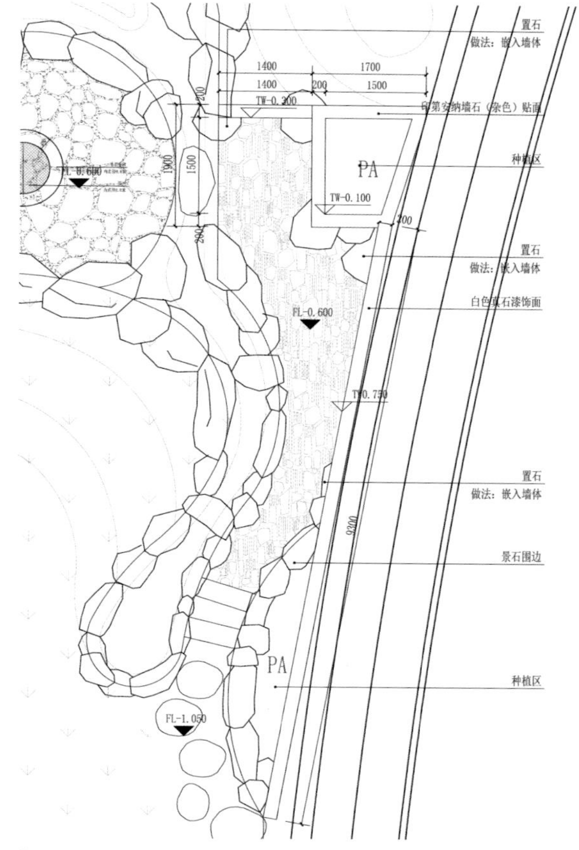

花坛景墙平面图

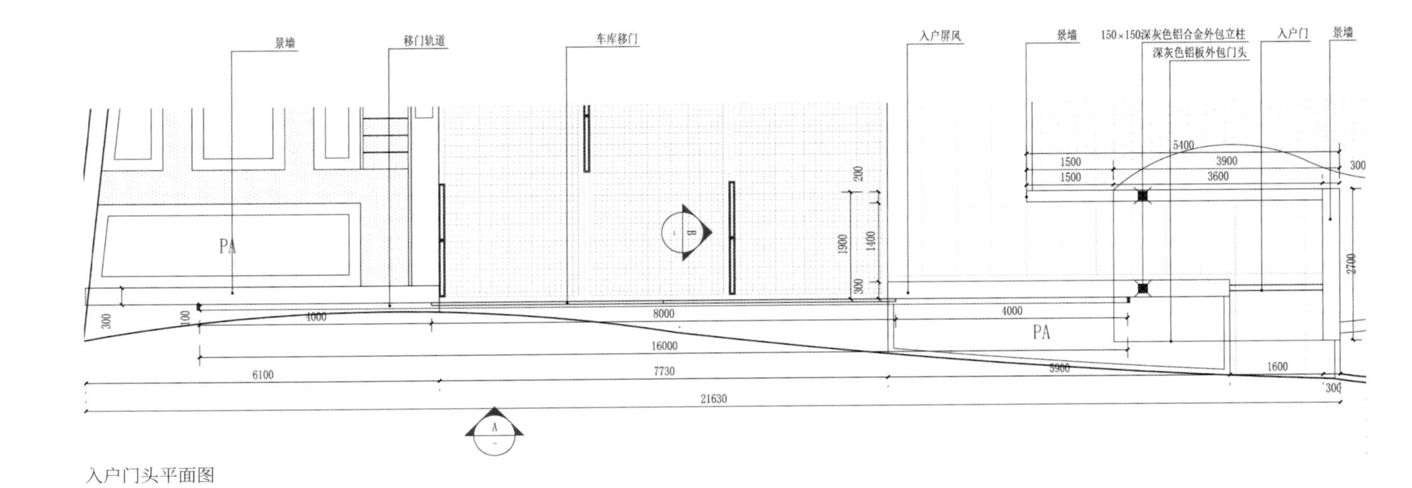

入户门头平面图

跌水口

石桥

鱼池平面图

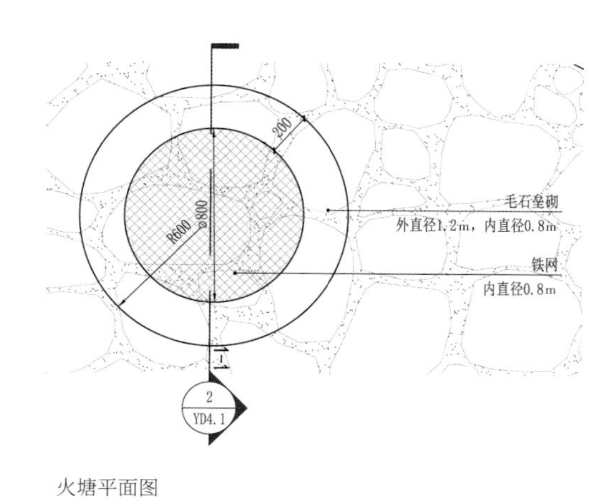

火塘平面图

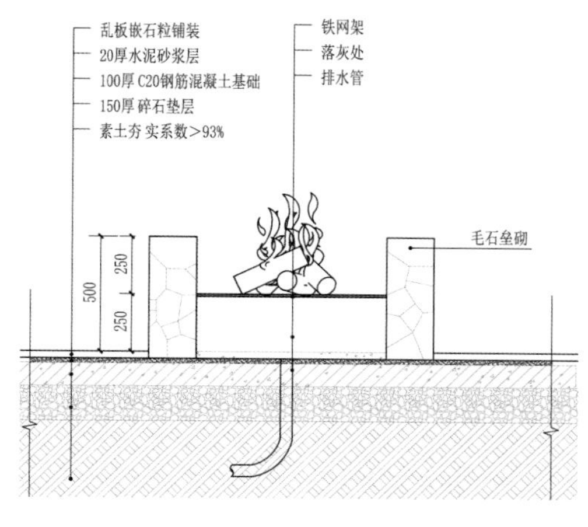

火塘剖面图

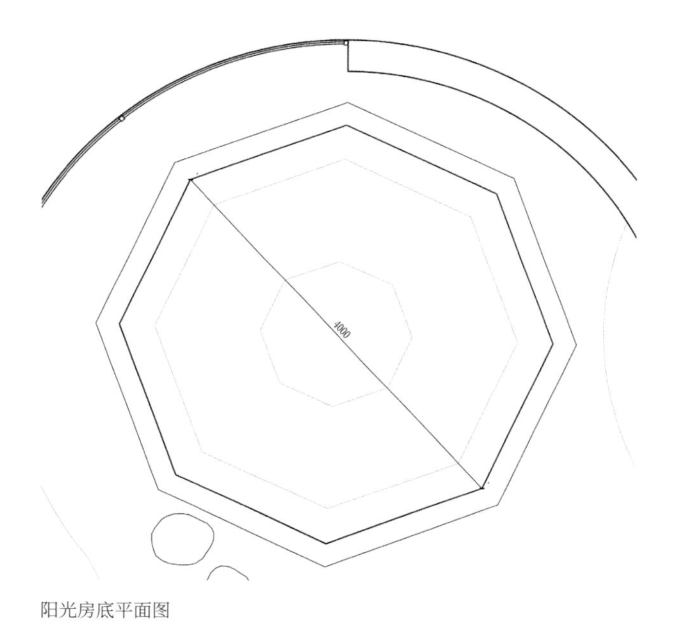

阳光房底平面图

阳光房立面图

复地朗香

项目地点： 江苏省南京市
花园面积： 500 m^2
花园风格： 现代自然
工程造价： 80 万元
施工周期： 3 个月
设计、施工单位： 南京京品园林景观设计有限公司

项目概况

本案花园分布在建筑四面，每个角度都不太方正，改造之前是大面积草坪，有美式庭院的氛围。女主人感觉打理草坪过于艰辛，希望能改造成低维护的花园。

平面布置图

金属浮雕画
收边条压顶
塑木格栅
130
36 36
14 14
1170
1450
100
940
压顶芬兰木21厚
侧面黄金麻荔枝面25厚
压顶黄金麻荔枝面25厚
侧面黄金麻荔枝面25厚

东边门前栅栏屏风立面图

设计细节

因为花园不太方正，围墙斜于建筑，设计师通过方正的硬质铺装，用平行于建筑的花坛来做布局，使花园主体更加硬朗大气，也更加匹配建筑，留下的三角面可用植物进行弱化。

要减少维护，就要减少草坪的面积，改为硬质铺装，局部再融入水景。这里容易产生两点误解，一是认为硬质铺装多了会显得不自然，二是认为水景也较难维护。其实，只要增加植物在花园中的比重，用花境的柔性去弱化铺装，或者采用水循环系统的水景，就可以避免这些问题。

大颗粒石子的运用可以减少维护，也是一种自然的表达方式。通过自然的磨盘小路，走向后花园的硬化区域，玻璃生态房是花园里的核心功能区。

生态房前的木栈道既是观景亲水平台，也是过滤系统的设备仓。白色铝格栅后面其实是本来的设备空间，设计师用“木屋 + 造型格栅”的方式来处理，把功能美学化。花架的设计非常重要，让木屋显得不太突兀，待花架爬上植物后会更显漂亮。

多余的青石板被利用起来，自然地铺设于弧形坐凳前，这种空间表达方式自然轻松，坐凳上用来摆放花盆也是可以的。

海东俊园

项目地点：云南省昆明市
花园面积：850 m^2
花园风格：现代自然
工程造价：120 万元
施工周期：100 天
设计师：杨青波、吴优
设计单位：云南蓝天园林绿化工程有限公司

项目概况

本案花园呈 L 形围绕别墅，周边植被丰富，内部高差关系较为复杂。现场存在的主要问题是花园下面为地下室顶板，给设计带来一定难度，需要解决种植荷载等诸多问题。

在与园主的交流中，感受到对方是一个极具浪漫情怀之人，崇尚自然，喜欢寄情于山水的生活方式，且对中国传统文化较感兴趣。

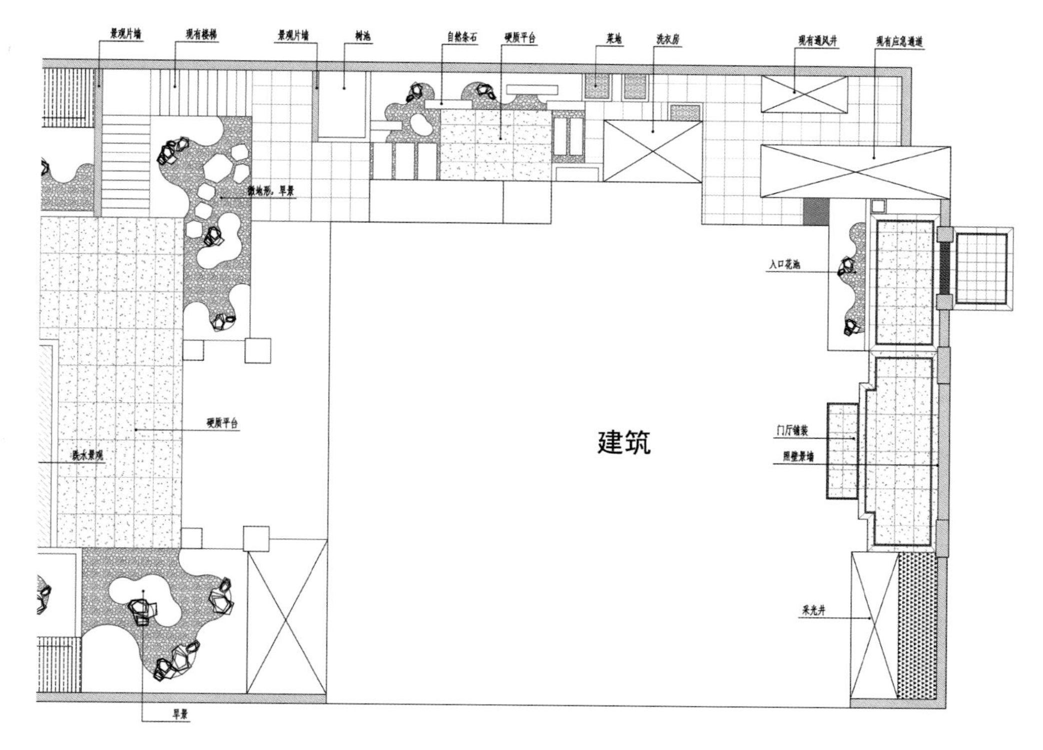

平面布置图

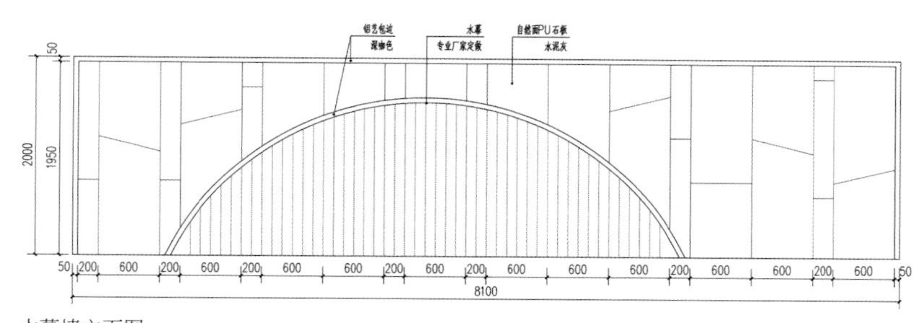

水幕墙立面图

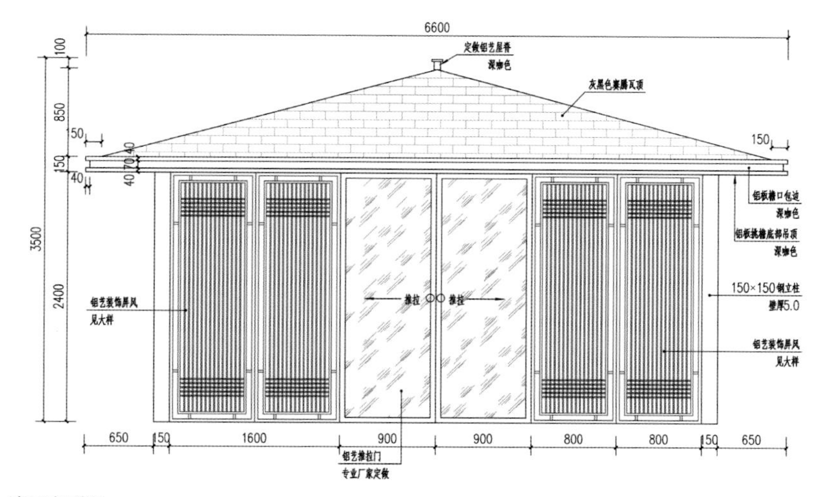

亭子立面图

设计细节

花园面积较大，为保持张力，在合理利用原有花园的基础上，划分出重点景观区域与镜面水景区域。

为不使花园显得零碎、无主题，设计将整个花园分为了入户区、镜面水景区、菜地区、锦鲤鱼池观赏区、烧烤区和侧院晾晒区六大区域，并明确每个区域的主题和功能。

针对花园顶板种植植物根系浅的问题，设计采用微地形，将局部造景区域通过覆土堆地形的方式，将植物进行组团种植。

沿着阶梯拾级而上，后院景观区与镜面水景区自然而干净，让人心情愉悦。亭子下，无论独处还是与好友品茗共语，开放的空间里始终充满着舒适感。

和达露台

项目地点： 山东省青岛市
花园面积： 35 m^2
花园风格： 现代自然
工程造价： 5 万元
施工周期： 15 天
设计师： 董侃侃
设计、施工单位： 青岛美汇兰亭景观工程有限公司

项目概况

古巴比伦的空中花园令人极为神往，对于身居闹市的人们来说，露台也是较为肆意的空间，希望能传承空中花园的灵性，即使是小小的一方天地，也能欢脱自在。

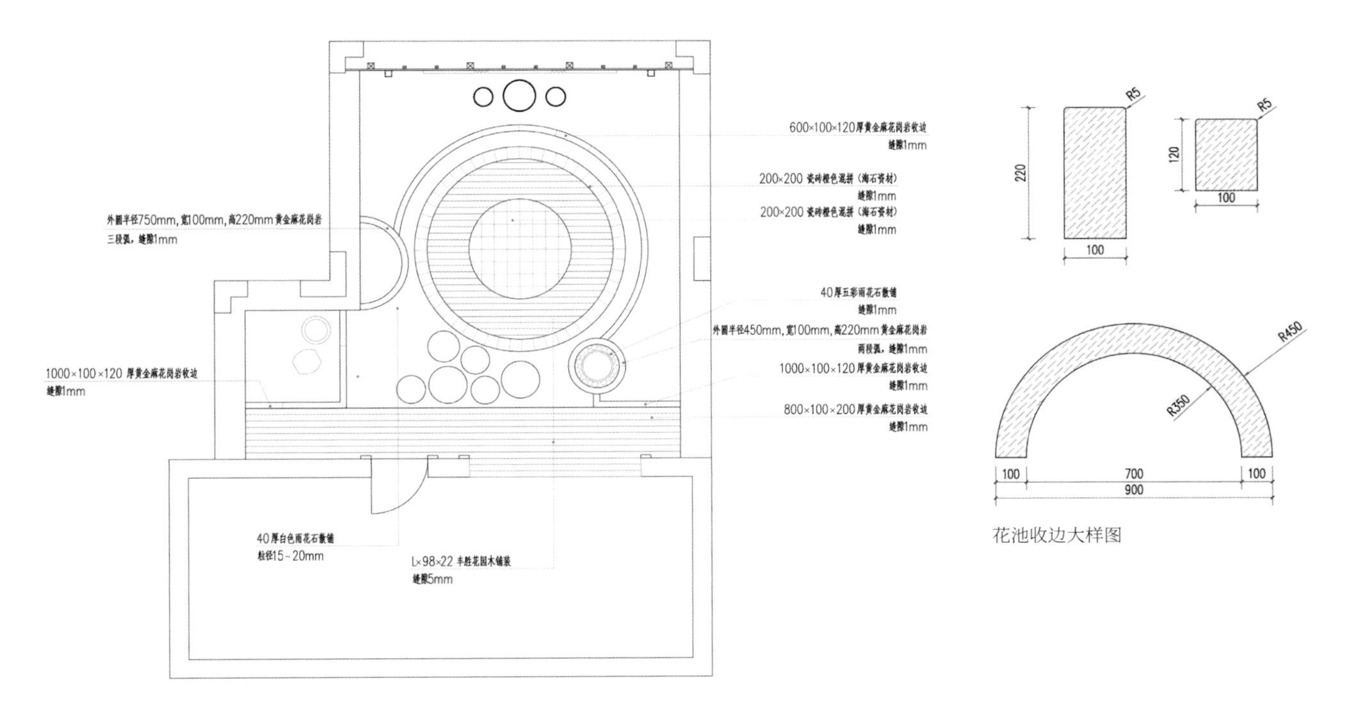

花池收边大样图

铺装平面图

设计细节

花园以多个同心圆为中心元素，分为观赏园艺区与户外休闲区。圆形休闲平台分割空间，铺装由砾石、木塑和印有精致花纹的花砖构成，层层分明又相互融合。周边以线性景墙格栅与罗马柱进行围合，形式简洁，尺度、韵律、比例协调，创造出简约而颇具动感与活力的景观空间。

园艺区植物围绕着圆形铺装种植，不同花期的植物（如栀子花、万寿菊、四季海棠和地被植物等）五彩缤纷，佛甲草形成空间的基底，局部点缀的花卉增添了景观的灵动性。设计师还为植物提供了巧妙的照明，夜晚也具有温馨而轻松的格调。

当我们身处于此，或行走，或坐立，感受清风，尽享植物沁人心脾的芳香，通过设计感受心灵的洗礼。

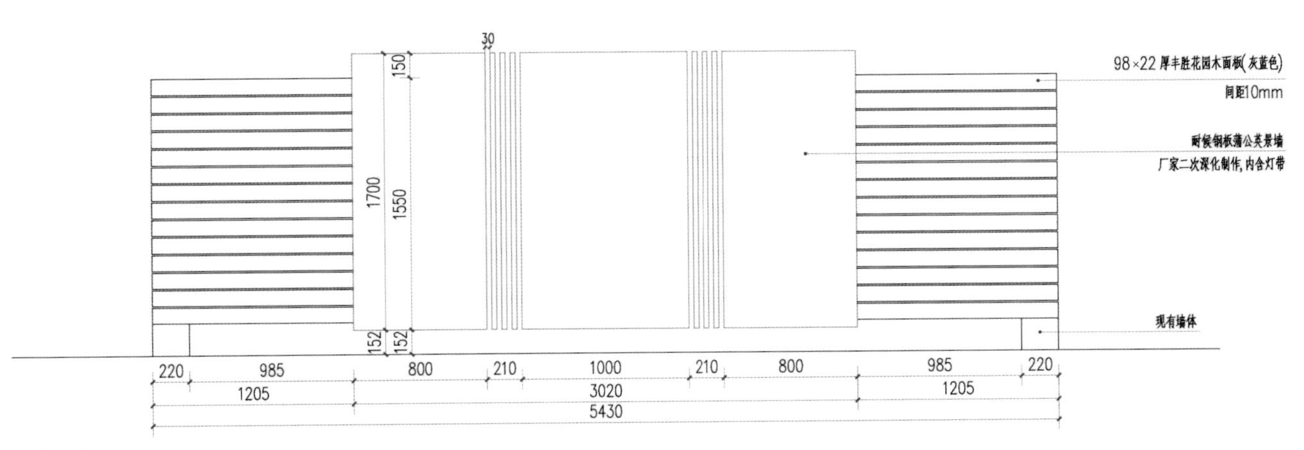

景墙立面图

和达玺悦

项目地点： 山东省青岛市
花园面积： 405 m^2
花园风格： 现代自然
工程造价： 85 万元
施工周期： 3 个月
设计师： 董侃侃
设计、施工单位： 青岛美汇兰亭景观工程有限公司

项目概况

“宠辱不惊，闲看庭前花开花落。去留无意，漫随天外云卷云舒”，这是园主想象中的花园场景。本案远山如黛，自然环境优美，园主希望能设一方休闲区域用于品茶、聚会，享受解甲归田的快乐。

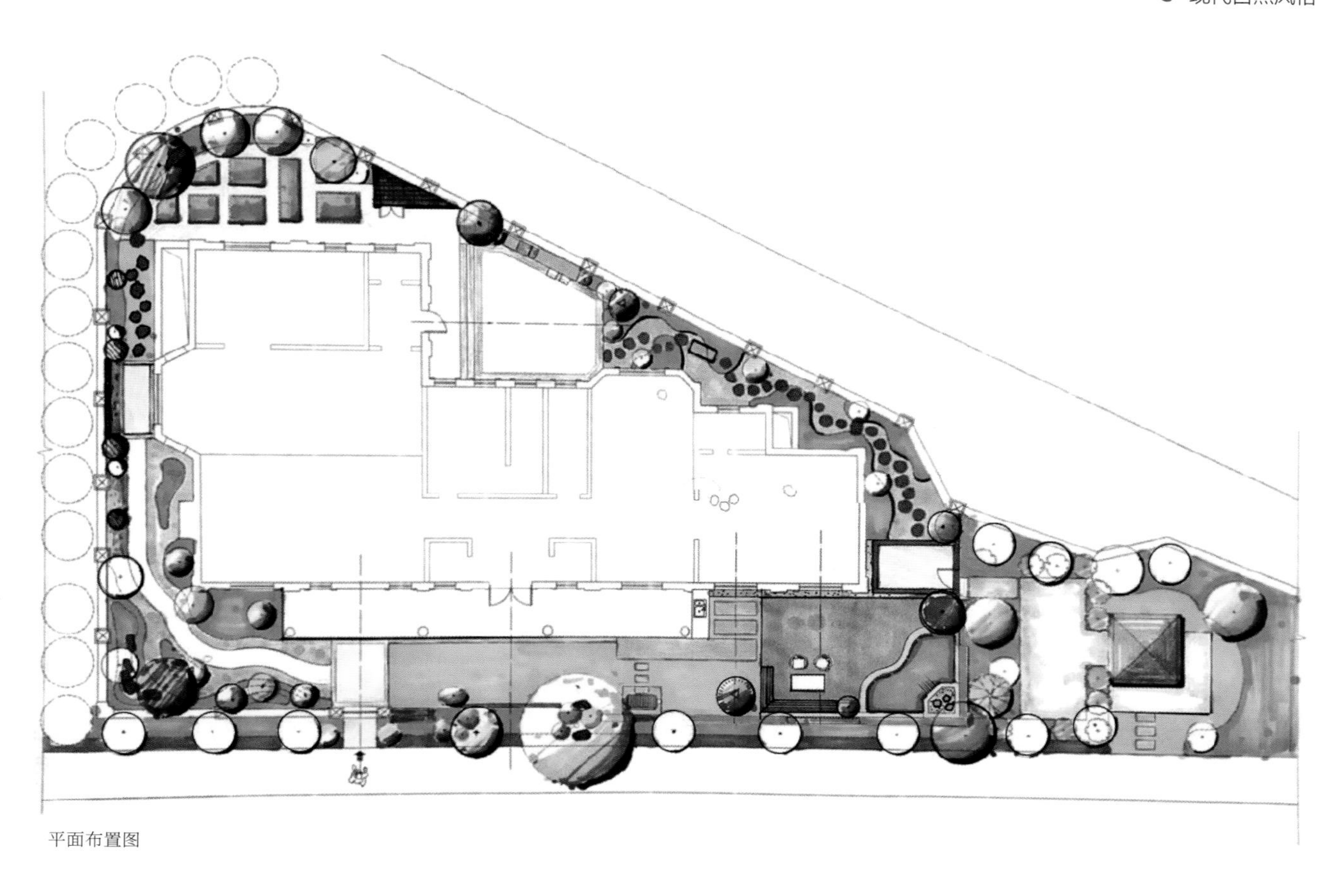

平面布置图

设计细节

迈入大门，首先映入眼帘的是一幅主题为“百鸟朝凤”的纯手工马赛克拼贴墙画，璀璨夺目的色彩彰显着园主的高洁品质，以一种含蓄的艺术手法热情迎接造访的客人。

穿越前廊，一方绿坪整洁大气，草坪前的格栅独具匠心，既与远方山峦遥相呼应，又在限定内外空间的同时借入了园外景致，使得狭小的庭院瞬间开朗。

为给园主提供惬意的休憩空间，设计师将凉亭放置在东南角，满足园主欣赏远方大山的心愿。亭前的三层跌水让人流连忘返，为整个庭院赋予了灵性，水落鱼池又见鱼儿吐泡，颇具一番可爱情趣。

建筑东侧为一条狭长通道，采用汀步与砾石结合，搭配青翠的佛甲草等植物，单调的空间顿时有了情趣。在建筑北侧，给女主人打造了一处与闺蜜享受下午茶的吧台，不经意的抬眸中，远山便跳入眼帘，休闲而富有诗意。

在庭院西北角，应园主需要设置了田园种植区，根据身高特点抬高了种植池的高度。沿石阶而上，渐入花境，这里是植物造景的焦点。前种榉树，后种朴树，两棵乔木俨然如雄武的卫士，守护着一家人的安康和幸福。

品茶道，看峰峦，听水声，观花草，种蔬果，人生如此，夫复何求！

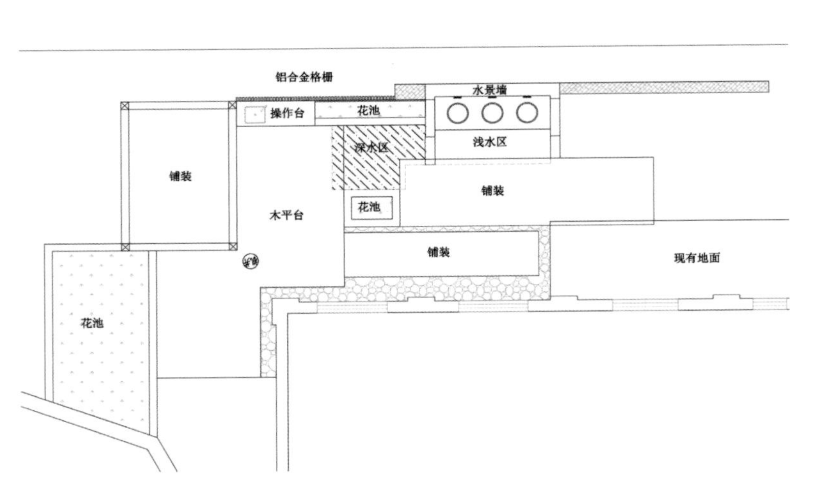

水池及休闲区平面图

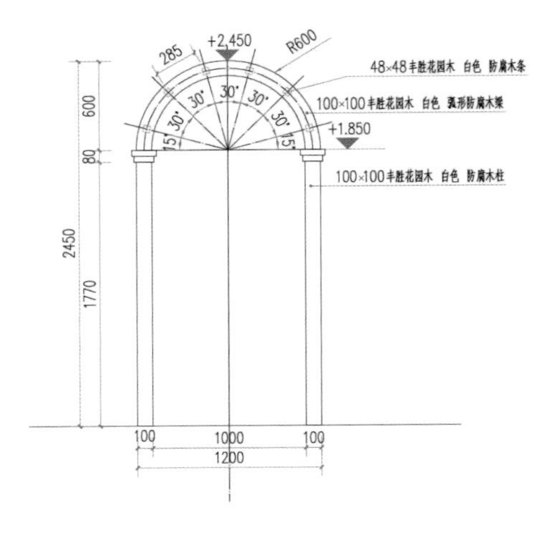

拱门正立面图

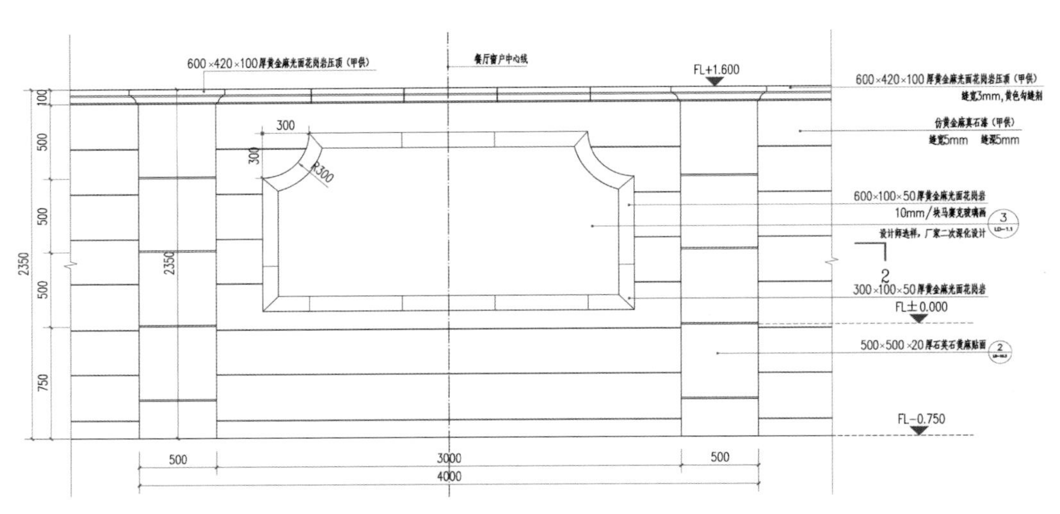

餐厅对景墙正立面图

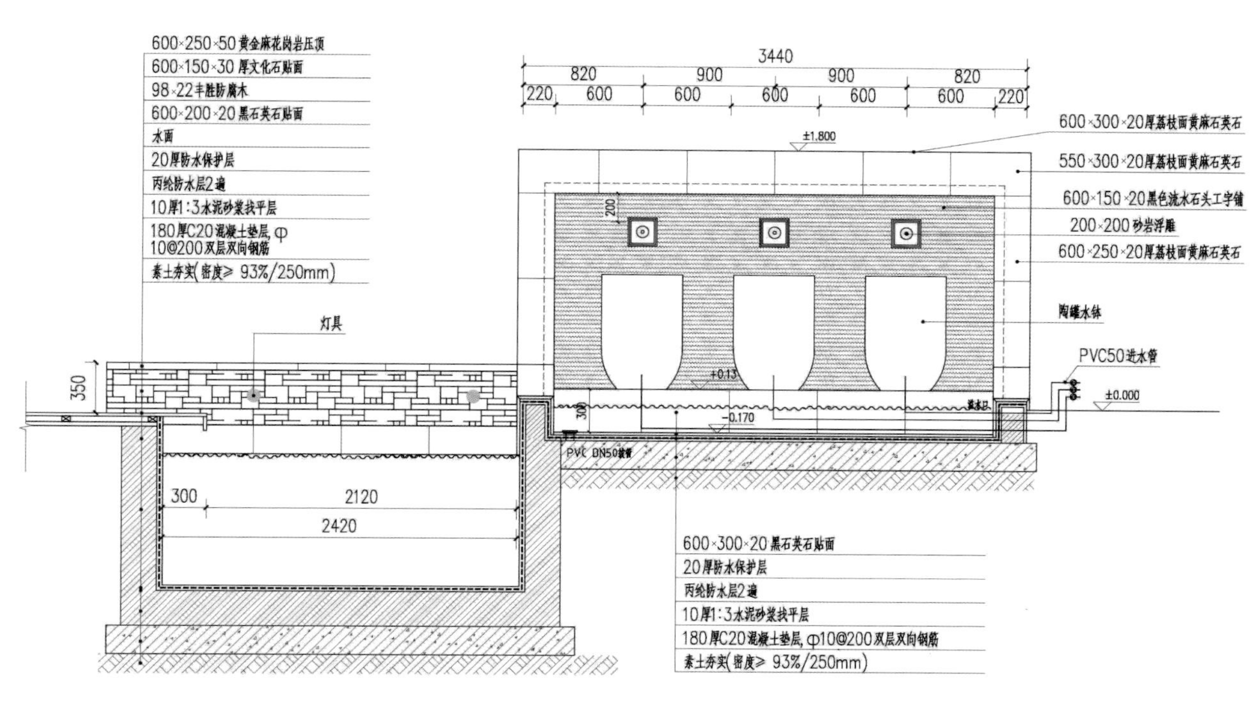
600×250×50 黄金麻花岗岩压顶
600×150×30 厚文化石贴面
98×22丰胜防腐木
600×200×20 黑石英石贴面
水面
20厚防水保护层
丙纶防水层2遍
10厚1:3水泥砂浆找平层
180厚C20混凝土垫层, φ
10@200双层双向钢筋
素土夯实(密度≥ 93%/250mm)
灯具
350
3440
820
900
900
820
220
600
600
600
600
600
220
±1.800
600×300×20厚荔枝面黄麻石英石
550×300×20厚荔枝面黄麻石英石
600×150×20黑色流水石头工字铺
200×200 砂岩浮雕
600×250×20厚荔枝面黄麻石英石
陶罐水钵
PVC50进水管
±0.000
200
+0.13
300
-0.170
PVC DN50
300
2120
2420
600×300×20 黑石英石贴面
20厚防水保护层
丙纶防水层2遍
10厚1:3水泥砂浆找平层
180厚C20混凝土垫层, φ10@200双层双向钢筋
素土夯实(密度≥ 93%/250mm)

水景墙剖面图

湖滨四季

项目地点：江苏省苏州市
花园面积：439 m^2
花园风格：现代自然
工程造价：75 万元
施工周期：3 个月
设计师：罗杰
设计、施工单位：苏州皇家御林景观工程有限公司

项目概况

花园位于建筑正南方，园主希望格调简约，以舒适为目的，体现家的温馨感，在工作之余可以有一个安逸的生活环境来放松身心。

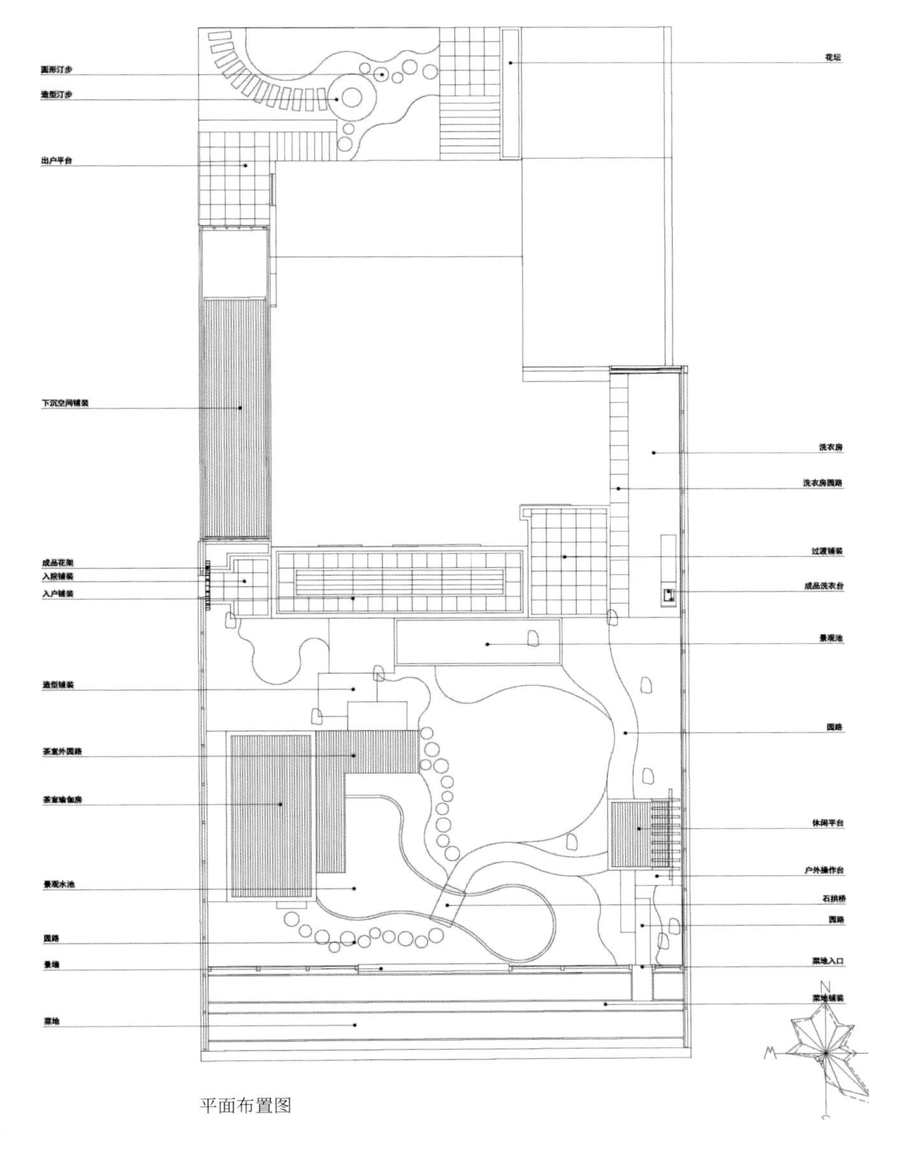

平面布置图

设计细节

本案根据园主的生活方式进行功能性布置，总体设计以舒适为目的，软硬景观巧妙结合，以假山鱼池、休闲茶室及烧烤休闲平台为主，再配以小景，打造舒适的人居环境。

在庭院小径设计中，为体现通透性，注重道路的蜿蜒曲折，中心设阳光草坪和圆形小汀步，不至于千篇一律。小径转弯处布置植物作为点缀和示意转向，铺装材料选用花岗岩、通体砖、塑木地板，充分体现变化，增加趣味。

将攀援植物依附于棚架和栅栏上，形成一种软硬结合的视觉效果。充分考虑日照条件、气候因素以及植物的生长特性和季节变化，采取丛植、孤植、单植等多种形式，以花坛分割入户铺装和绿化，营造健康休闲的庭院环境。

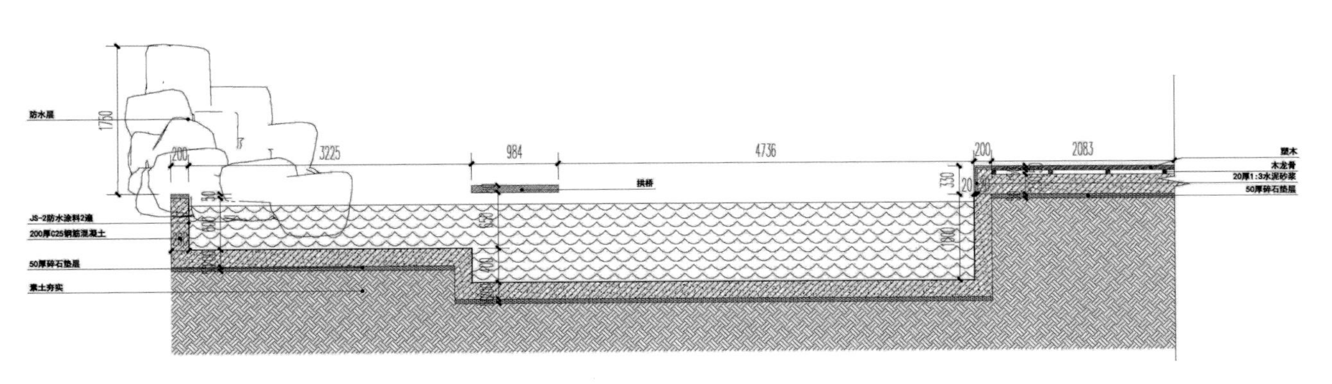

水池剖面图

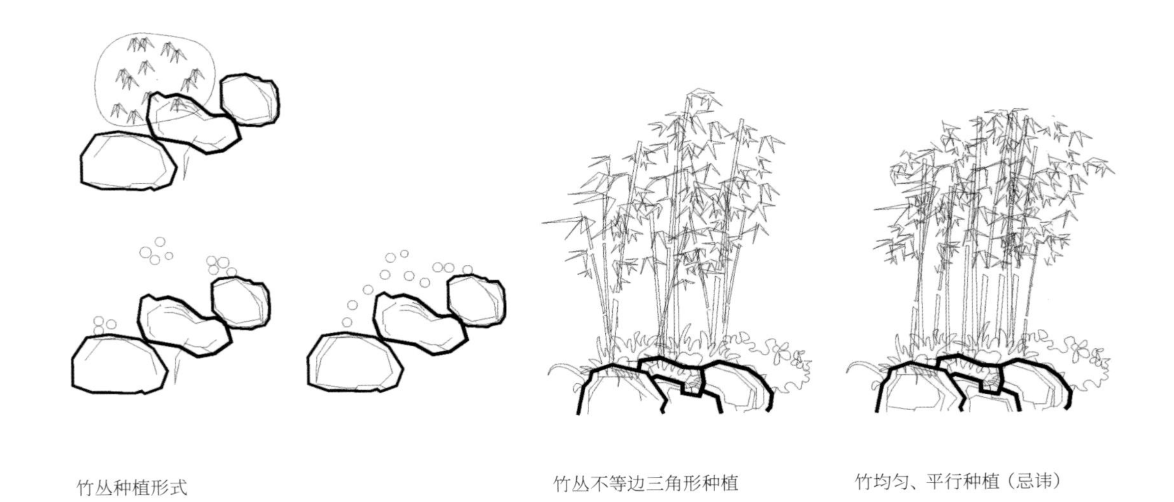

竹丛种植形式　　竹丛不等边三角形种植　　竹均匀、平行种植（忌讳）

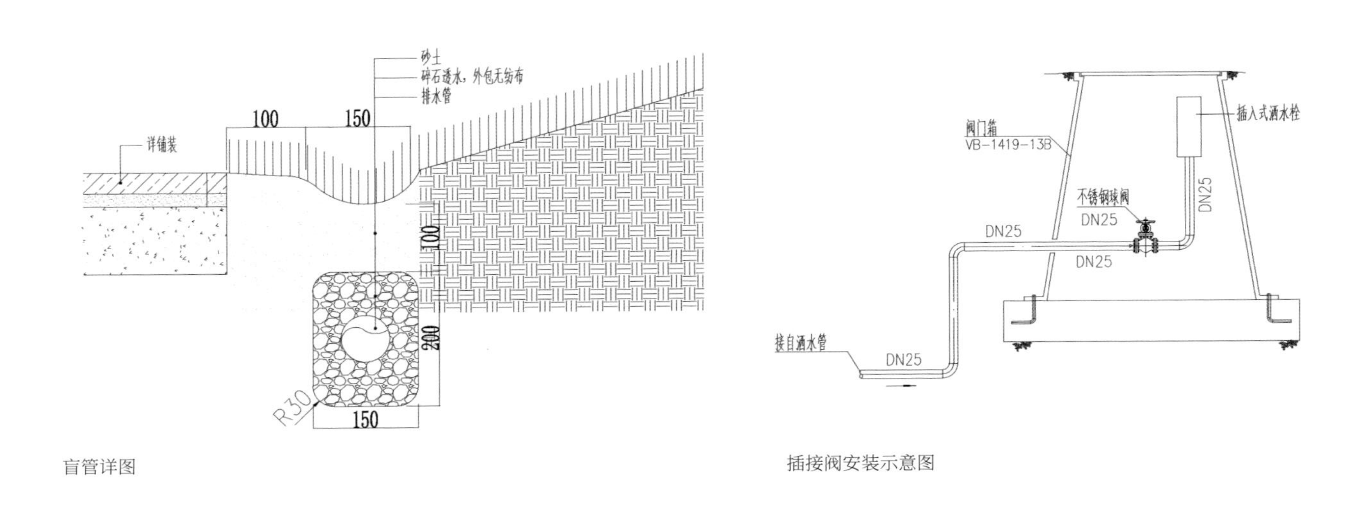

盲管详图　　插接阀安装示意图

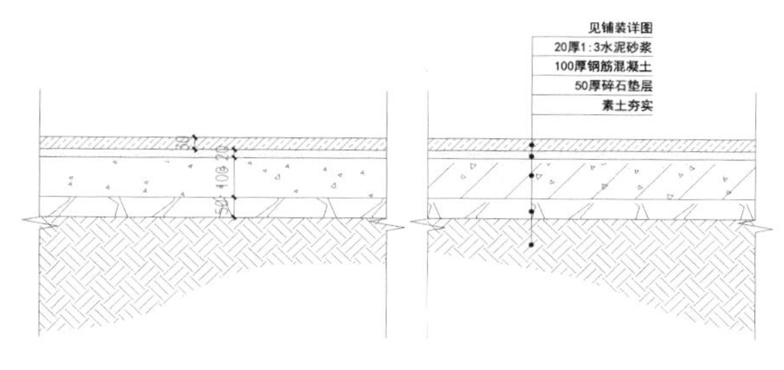

铺装做法详图

见铺装详图
20厚1:3水泥砂浆
100厚钢筋混凝土
素土夯实

汀步石做法详图

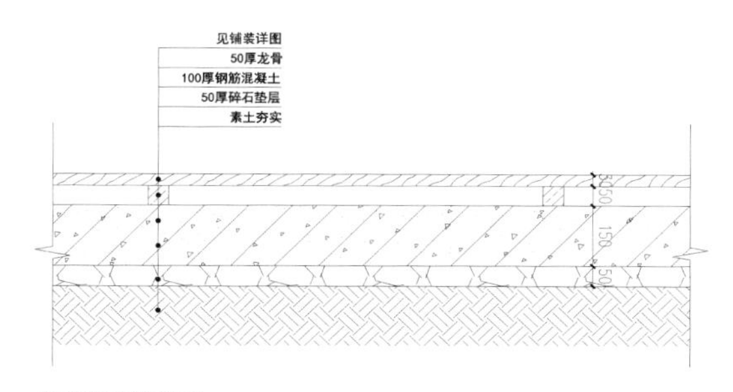

木平台做法详图

材料参考图

滇池 ONE 别墅

项目地点：云南省昆明市
花园面积：160 m^2
花园风格：现代自然
工程造价：30 万元
施工周期：3 个月
设计师：杨青波
设计单位：云南蓝天园林绿化工程有限公司

项目概况

本案花园位于一个别墅群的端头，建筑为法式风格，花园分为上下两部分，其中上花园面积约 100 m^2，下花园约 60 m^2，周边环境良好。

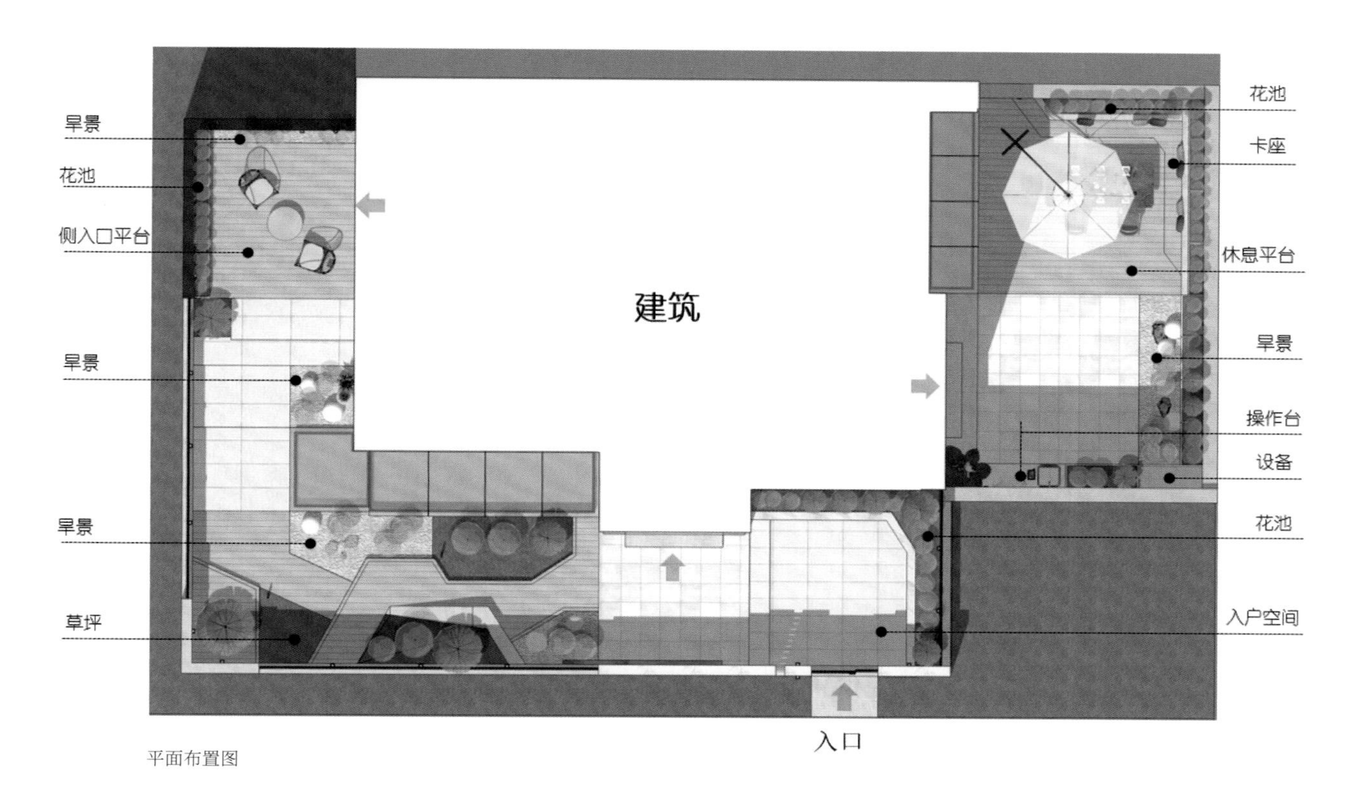

平面布置图

设计细节

花园大门采用高级灰铝制子母门，地面采用石材对缝满铺，并与塑木平台结合。上花园围墙采用的是铝制栏杆与砖砌围墙相结合，既起到遮挡的作用，又视野通透。下花园围墙则是用铝制格栅和景墙相结合。

植物配置方面，选用了造型松、鸡爪槭和一些小型球状植物及花境来营造整体景致，充满生机。这种以现代人的审美需求而打造的韵味花园，感觉自然而舒适。

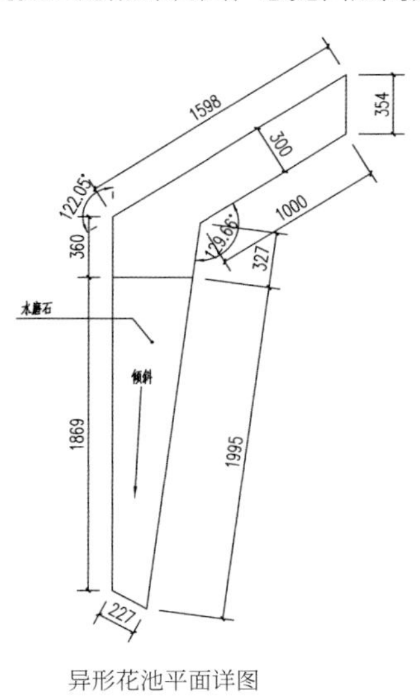

异形花池平面详图

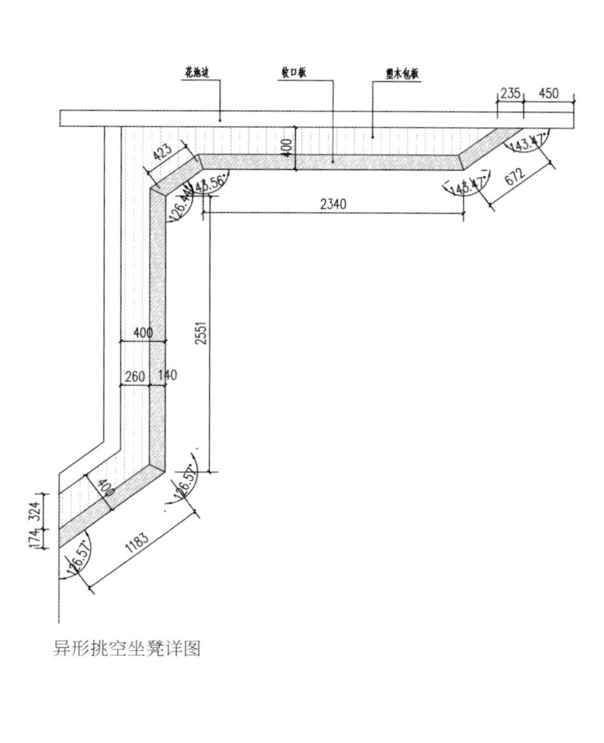

异形挑空坐凳详图

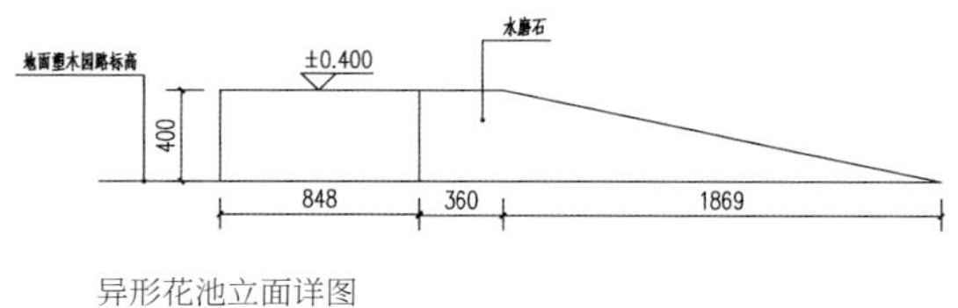

异形花池立面详图

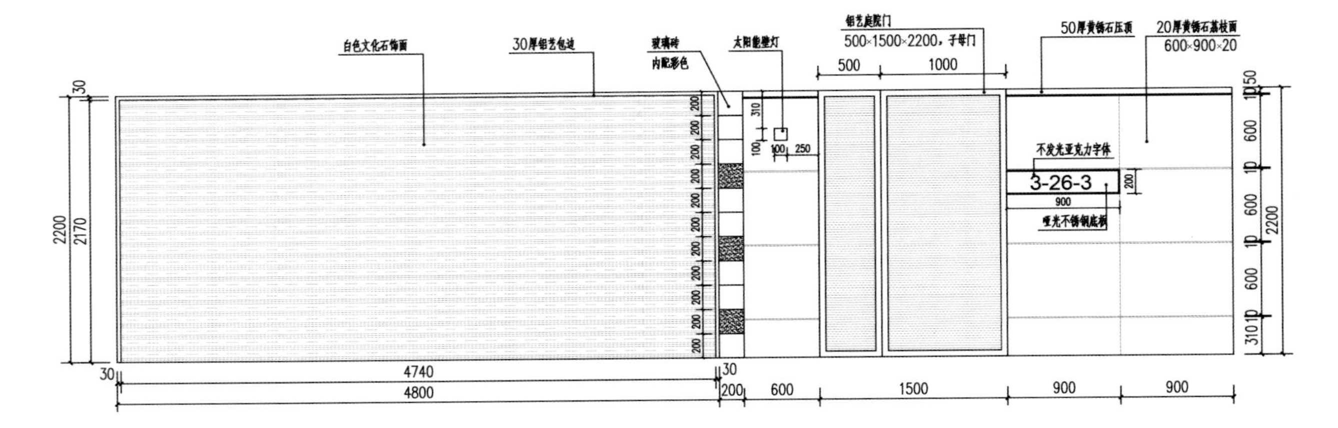

入户景墙外立面图

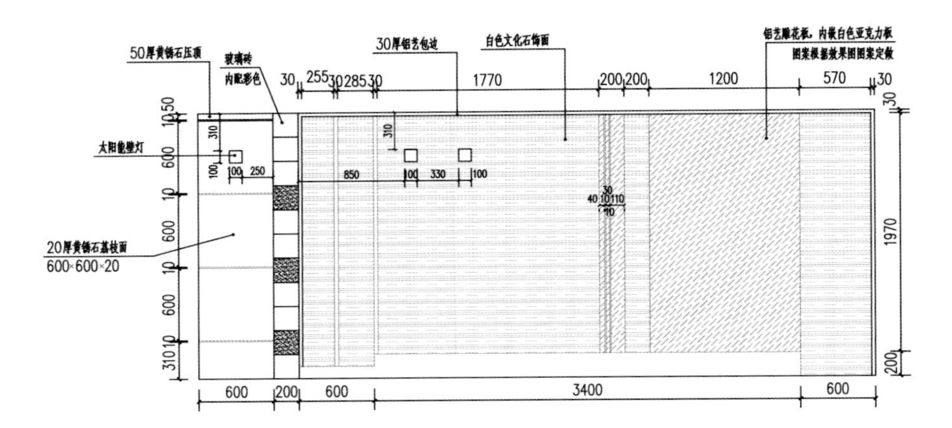

入户景墙内立面图

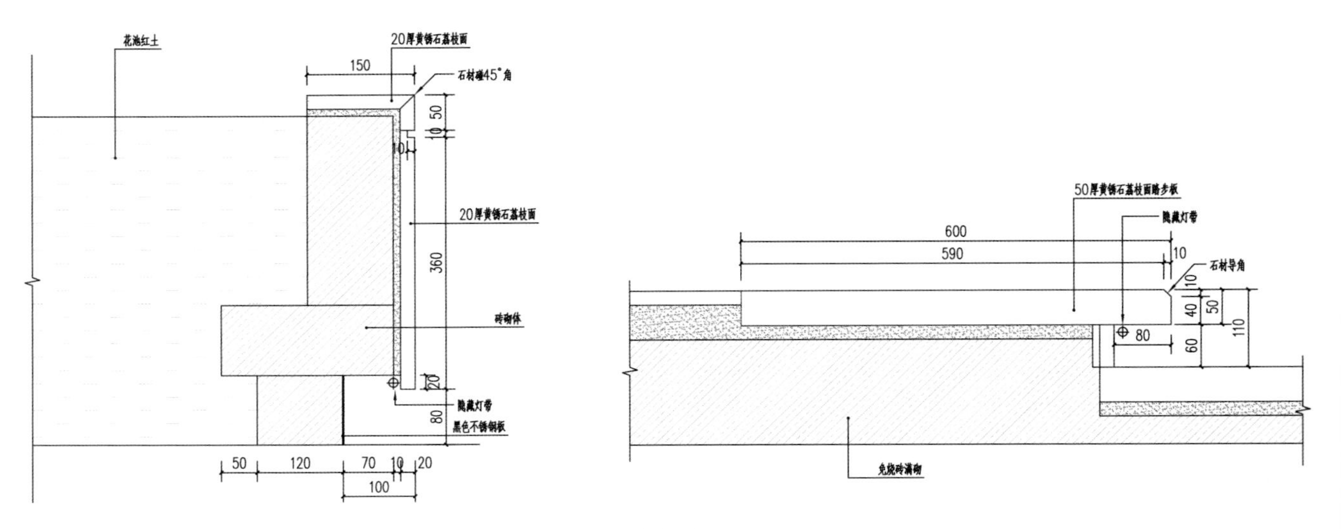

花池剖面图

踏步平台详图

龙湖香醍

项目进点： 上海市
花园面积： 137 m²
花园风格： 现代自然
工程造价： 20 万元
施工周期： 4 个月
设计师： 肖川
设计、施工单位： 园桨园（上海）景观设计工程有限公司

项目概况

遵循园主的真实想法，考虑使用舒适度，在满足基本需求之后，再对庭院进行设计上的添彩，如功能划分、景观效果等。

园主希望能在庭院中加入运动的元素，让绿色与运动相结合，给花园生活创造一个慢生活场景。

设计细节

入口处设计了一排格栅，起到视线遮挡的作用，不至于进门即见庭院，同时也给院子里的人建立一些私密空间，营造安全感。

门厅正对面设计了一汪水池，搭配一棵造型树，营造一种“你静我来长相依，你动我来随风舞”的感觉。利用地形高差，在休闲平台周围设计了镜面水池，用水槽连接两个水域，在空间上产生联系。

用迷你高尔夫球场来消化前院略显狭长的空间，视觉上增加了空间感，再配上柔和的灯光，即使夜晚也不显冷清，依然展现别样的魅力。

植物在整体景观构建上起着极其重要的地位，高低搭配，错落有致，考虑季相更替和色彩搭配，以期达到“四时之景不同，乐亦无穷”的境界。

在后院自建了一个迷你篮球场，闲暇时可以打打篮球，也可以约三五好友烧烤聚餐，还能当成家里的晾晒区，一景多用。

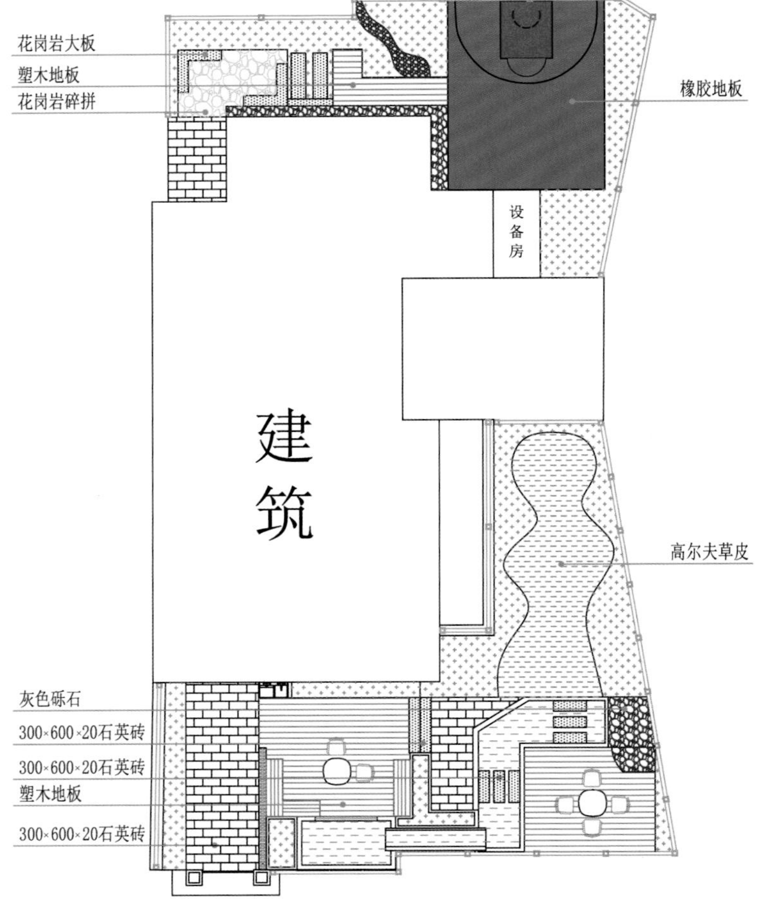

铺装平面图

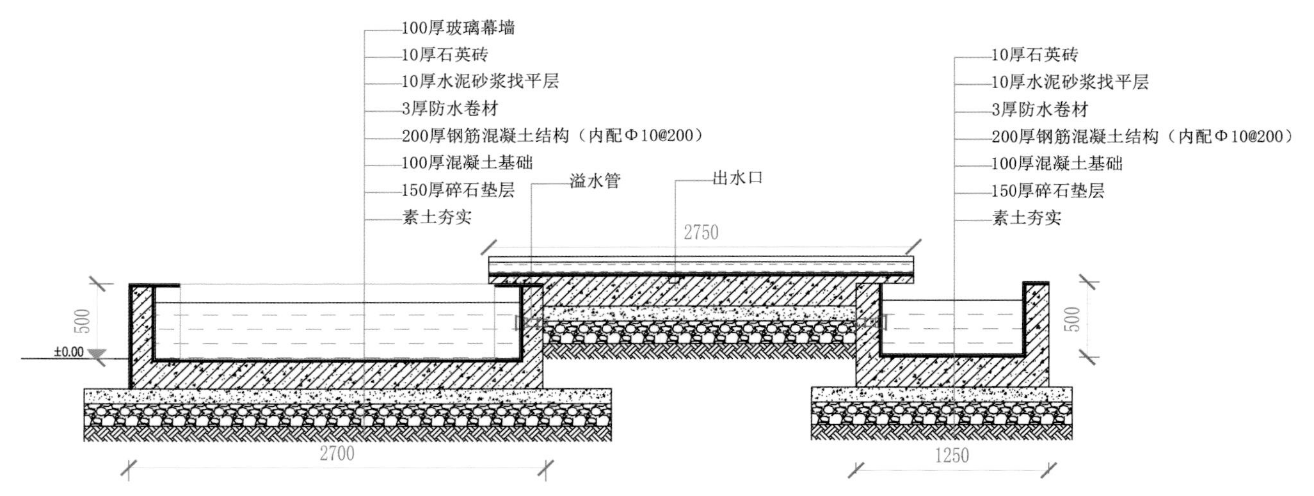

水池详图

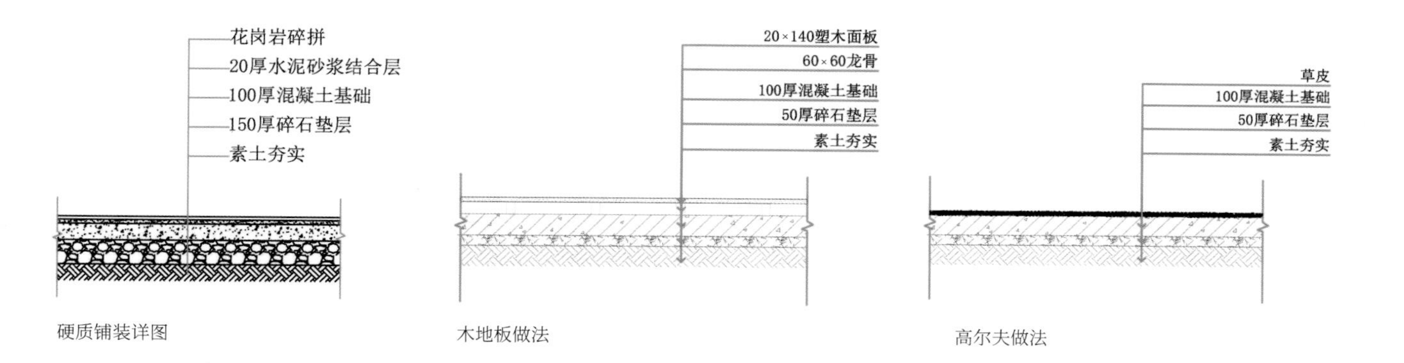

硬质铺装详图　木地板做法　高尔夫做法

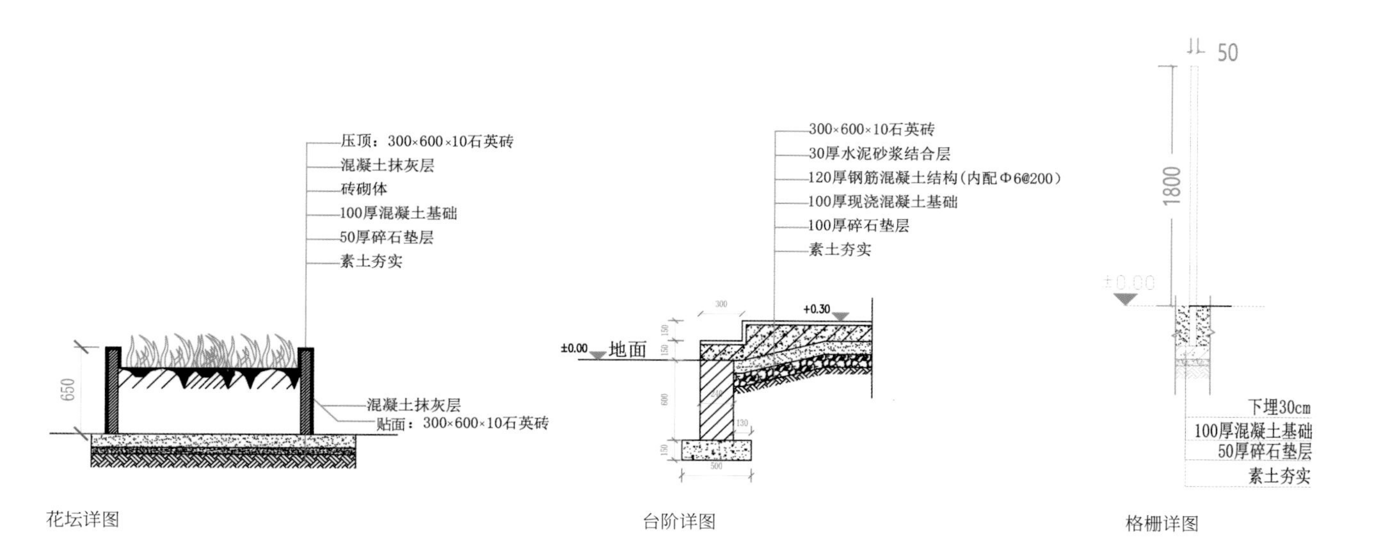

花坛详图　台阶详图　格栅详图

凝都屋顶花园

项目地点： 湖北省咸宁市
花园面积： 360 m^2
花园风格： 现代自然
工程造价： 45 万元
施工周期： 4 个月
设计师： 张俊
设计、施工单位： 湖北艺禾景观设计工作室

项目概况

本案屋顶花园以花园和生活为主题，中心阳光草坪、水景区、娱乐室、户外休闲区及硬质活动场地是设计的重点，最能体现花园主题思想，也是最受园主喜爱的户外场所。

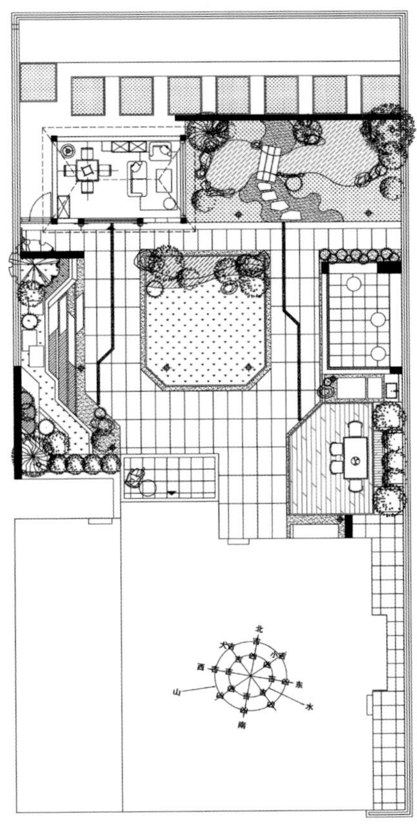
平面布置图

设计细节

屋顶花园的关键是防水和排水，本案硬景部分全部采用架空结构，地面石英砖采用万能支撑器抬高 150mm。绿化部分的阻根层、排水层、蓄水层、滤水层、轻量种植层也同时优于传统排水，且便于植物生长。

植物的选择、种植和养护问题也是设计和施工落地的重点。

1. 选择较小的树木，注重株型以及花、果、叶的颜色，开花灌木为首选。

2. 地被植物（能够覆盖地面的低矮植物，包括草本植物和部分蕨类植物）、藤本植物（有细长茎）、抗污染树种的搭配也不容忽视。由于屋顶荷载的限制，大树不宜过多，小乔木和灌木的选择范围较广，搭配时要注意颜色、姿态和季节变化。

花园屋顶建议采用整体浇注或预制的钢筋混凝土屋面板作为结构层，并提供 350kg/m^2 以上的附加荷载能力。为减轻荷载，在承重结构或小跨度位置上设计亭台、花池、水池、假山等较大体量景点，并尽量选用人造土、泥炭土、腐殖土等轻质材料。

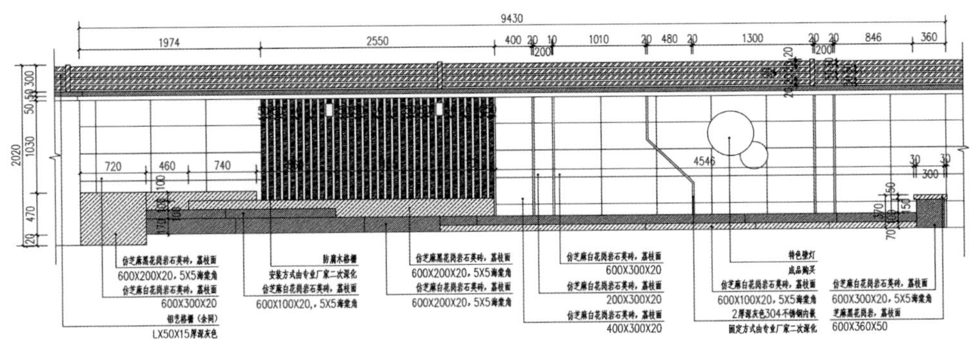

花池正立面图

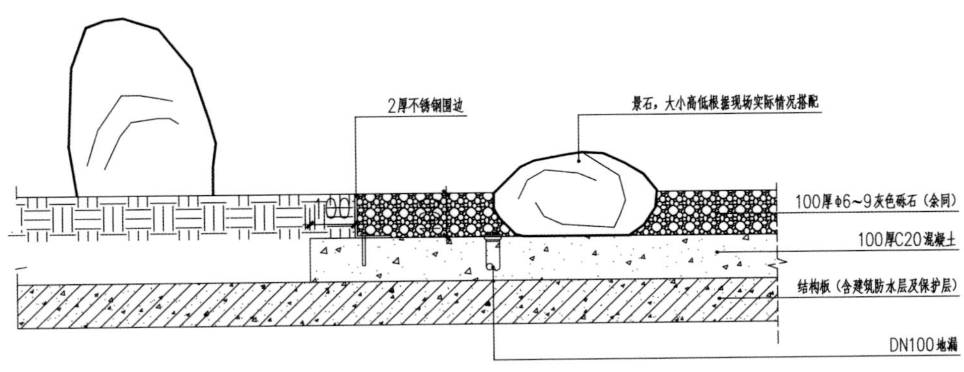

卵石排水沟做法

温溪屋顶花园

项目地点： 浙江省丽水市
花园面积： 570 m^2
花园风格： 现代自然
工程造价： 90 万元
施工周期： 3 个月
设计师： 陈淼
设计单位： 丽水百草园园艺

项目概况

该项目为裙楼屋顶，南北视野景色宜人。在满足场地功能的需求之上，设计师尝试打破常规的设计手法，将山水花鸟融入庭院生活。园主具有山水情怀，希望能寄情于此，此处心安是吾乡。

设计细节

将一个圆置入其中，圆外四季流转，美不胜收，圆内山河蜿蜒，对话诸己。

古人云，“石令人古，水令人远”。一泓春水自瀑石汩汩涌出，在弯曲石岸中流淌，行者拾级而上，缓缓步入长亭。长亭与水景相接，深邃含蓄，塑造意蕴悠远的现代游园体验。

精心设置原石坐凳供行者小憩，恰到好处点缀的石灯与星光交相辉映，此处唯有繁星与夏风拂过，给予喧嚣的内心一份宁静。

空间的转换是情绪的铺陈，此处邂逅一株秋日的红枫。步入木制平台，阳光将坐垫晒得暖暖的，一处泉眼轻轻跳动，寻源而视，与春水相连。

褪去时光，朴素而又安静的置石沁入了繁华生活的流动脉络，洞悉了空间场所的精神回归，经历了漫长时间的洗练沉淀，依旧陪伴在居者左右，书写着安于他们内心的平静与归宿。

在设计中，设计师通过对空间边界的形态界定、空间类型的精致划分、空间分割的偶发性营造、时光流速的深入参与等手段，加强了空间的体验感和形式美感，实现了人、时间、环境、自然之间的和谐共生。

平面效果图

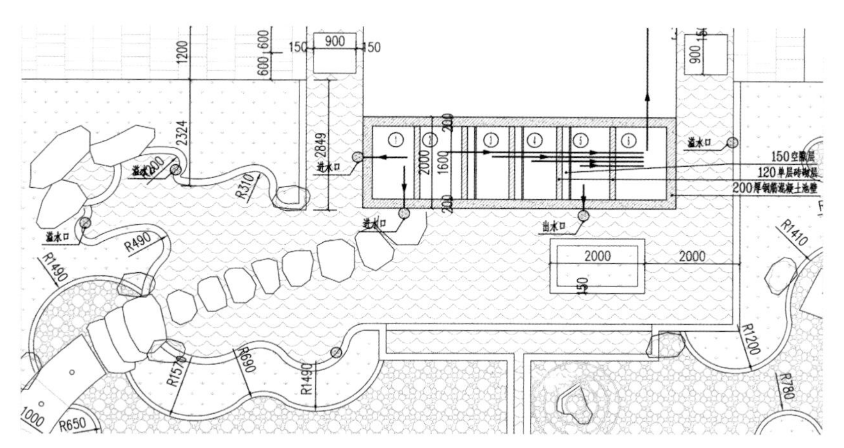

净化池平面图

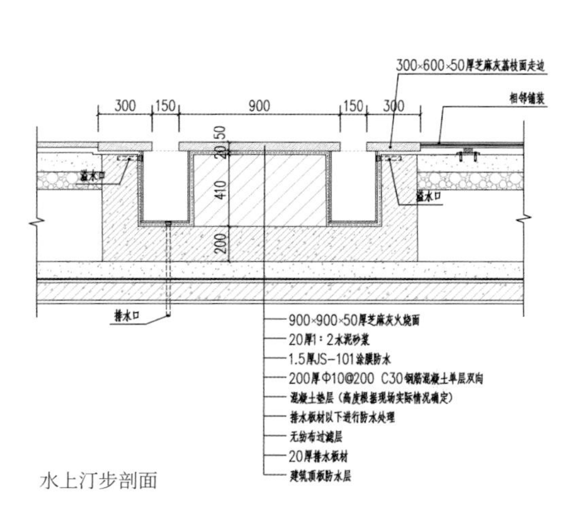

水上汀步剖面

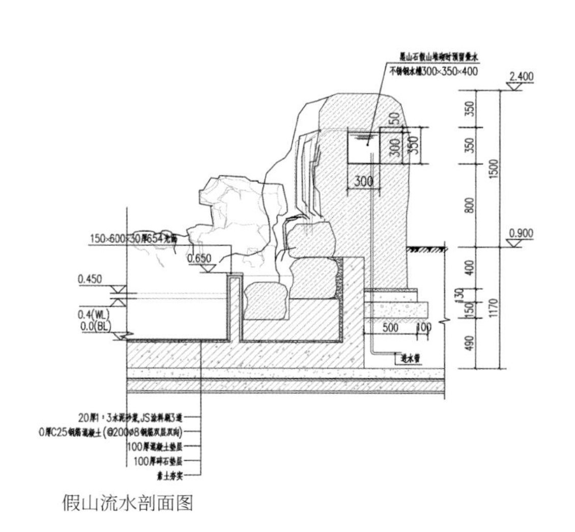

假山流水剖面图

星河湾花园

项目地点： 陕西省西安市
花园面积： 530 m²
花园风格： 现代自然
工程造价： 60 万元
施工周期： 2 个月
设计师： 张莉
设计、施工单位： 陕西拓克景观工程有限公司

项目概况

项目场地属于一楼附带花园，周围环境并不理想，两边高层建筑挡住了大部分视线，后方虽然视野通透，但东西走向的地上地铁及铁路设施距花园不过几百米，噪声污染比较严重。

园主为政府工作人员，酷爱养鱼，希望园内能有一方鱼池，于平日能闲庭信步、喝茶观鱼。我们也希望构建出日常生活与诗意情景重叠的庭院景观，营造出让园主满意的空间氛围。

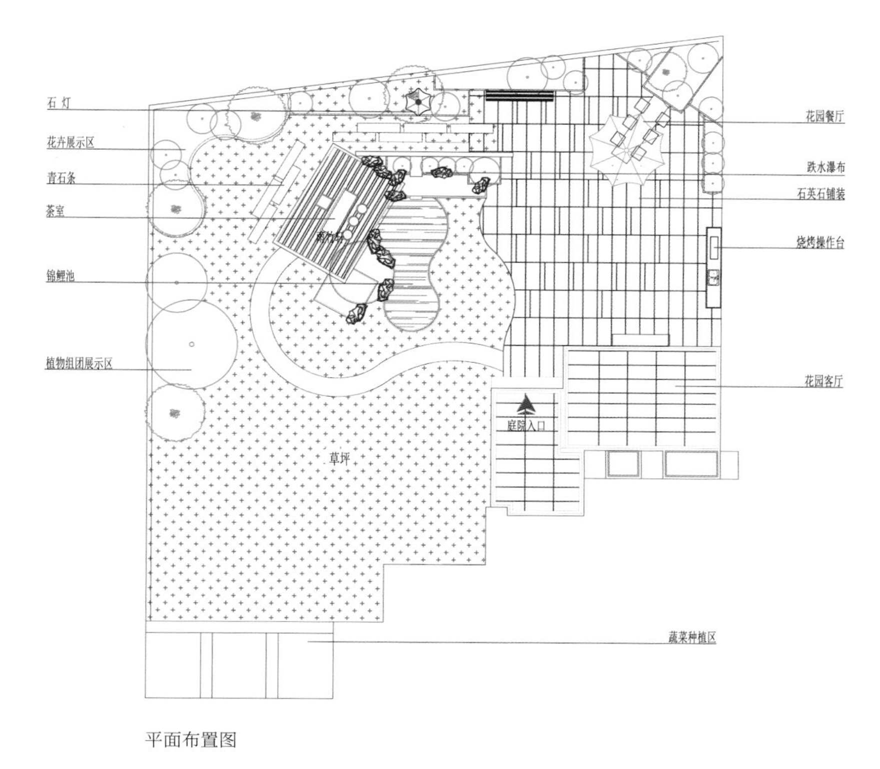

平面布置图

设计细节

花园以木材和石材为主，主要由雨竹轩、曲径、池潭几部分组成。根据现有的鱼池形状，花园整体围绕“观”鱼而展开，意图构建出“可居、可观、可游”的精致花园。

周围的进口木围栏有效隔绝了外界视线，保证邻里之间的私密性，同时增强了立面的围合感，且不显拥堵。木质材料温润的特性带着自然的气味，平易近人。

竹历来是文人雅士眼中的风雅之物，雨涤后有清韵，苍翠欲滴，故名雨竹轩。雨竹轩采用钢结构双层屋顶，部分驾于水面之上，如池边停渡的舟舫，位于庭院中央，是园内的主体建筑，同时连接园内环道。

曲径使用天然环保、无污染的石材——莱姆石，对人体的亲和性特别好，沿途种植冰激凌绣球、金叶女贞，连接着园内各个节点，最终构建出“疏密得益、曲折有致、眼前有景”的庭院景观。

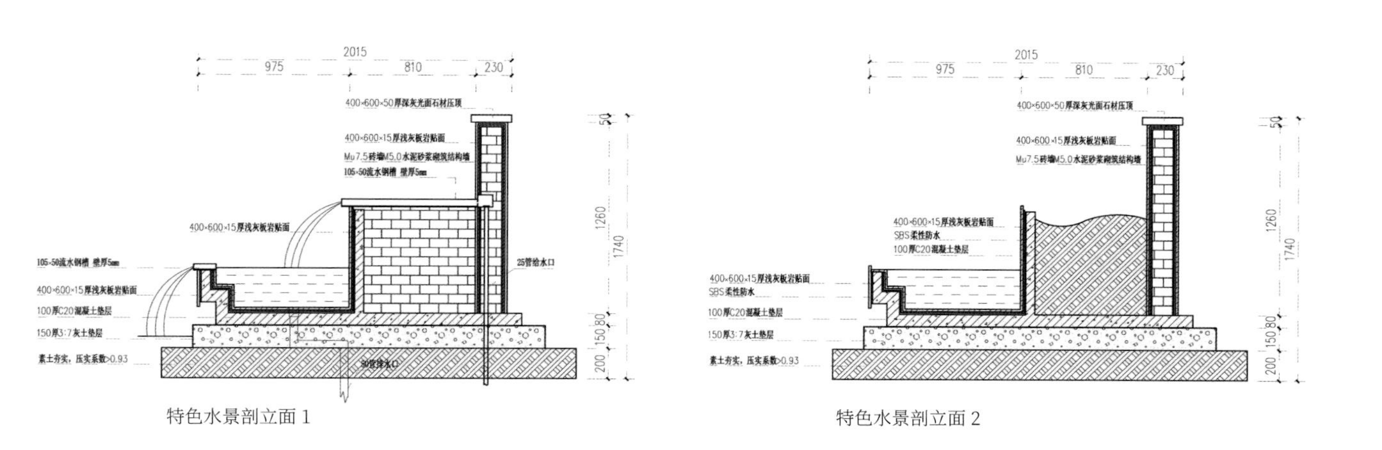

特色水景剖立面 1　　特色水景剖立面 2

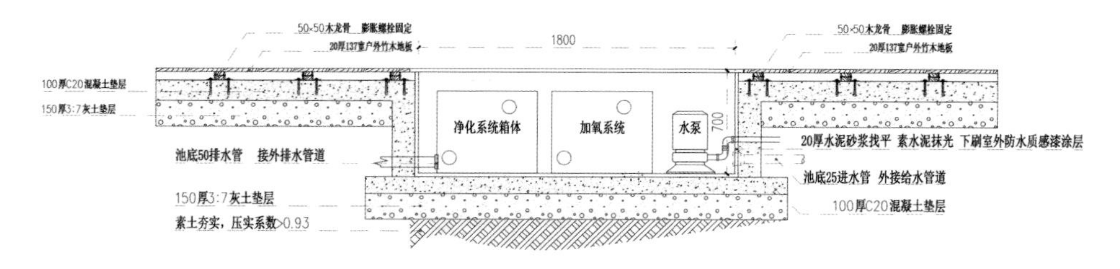

特色水景设备池剖立面图

云中漫步

项目地点：陕西省西安市
花园面积：430 m^2
花园风格：现代自然
工程造价：60 万元
施工周期：2 个月
设计师：张莉
设计、施工单位：陕西拓克景观工程有限公司

项目概况

该项目位于秦岭山脚下、关中环线旁，以巍巍秦岭为背景，风景得天独厚。偶尔从山间溜达下来的小动物，也给院子增添了一份野趣和生机。

男主人是西安某高校教授，女主人为公务员，非常细心和认真。他们对花园的要求极高，加上花园形状不规则，因而设计的难度也较大。

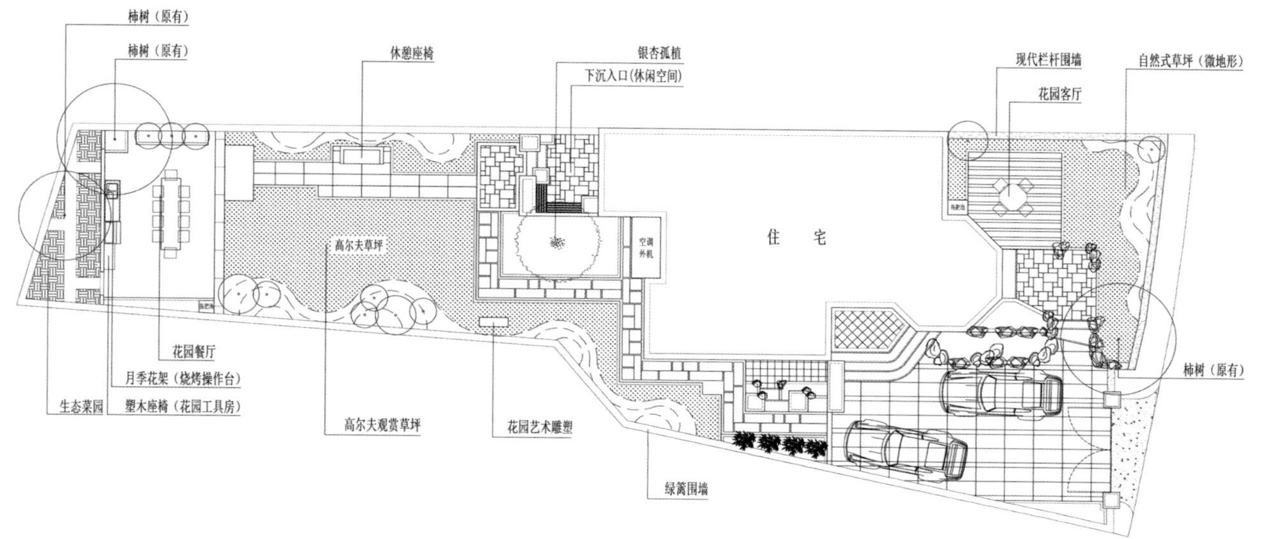

平面布置图

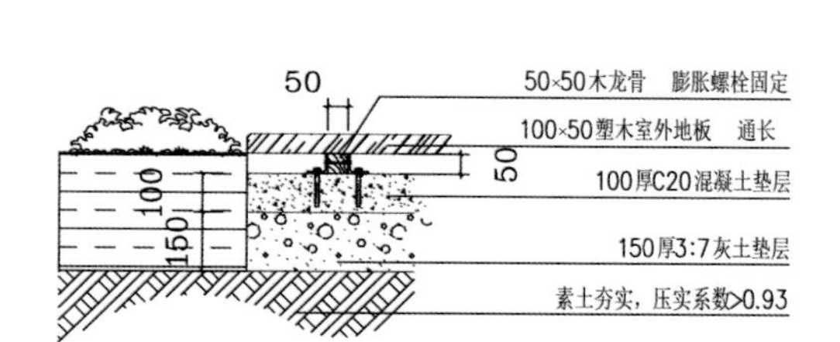

地板铺装节点详图

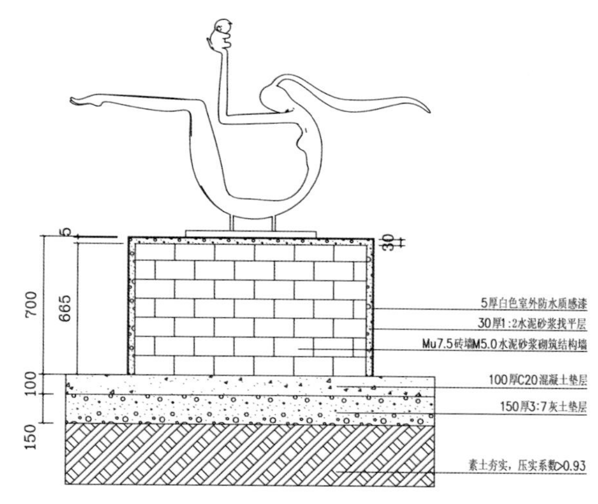

雕塑底座及基础做法详图

设计细节

前期阶段，对异形的后院产生了两种想法：一是用平行于建筑的直线将菜地烧烤区和花园休闲区分开，分成两个区域，尽量保证前院的完美形状，但欠缺设计亮点；二是打破传统想法，用不平行的线条分割区域，空间更为灵动和趣味，但担心园主能否接受。经和园主沟通，最后采用了第二种方案。

平面的大胆构图是本次设计的第一个亮点！前院地面和门厅存在一定高差，用女主人喜欢的曲线将台阶和花池相结合，台阶踏面宽度超过 0.5m，大气的门厅与精致并存，这是花园的第二大亮点！院子中间的矩形英式草坪和圆形休闲空间相得益彰，沿弧形花池做坐凳，池后设置烧烤区域吧台，舒服的高差处理，成为花园的第三大亮点！

花园尽量采用木材和石材为主要材料，营造一种田园、舒适的空间状态。周围栏杆用进口芬兰木制作，栏杆间保留 1.5cm 缝隙，避免空间拥堵。柱子用白色真石漆喷涂，干净整洁。地面采用青石板铺装，更加贴近自然。

植物选择也尤为重要。花园入口右侧保留了原有的柿子树，左侧则孤植一棵桂花树，花季带着阵阵花香进入花园。入门对面花池栽植了一棵橘树，寓意好“柿”成双，“橘”祥富“桂”。英式草坪中央孤植了一棵姿态挺拔的银杏，其余植物均遵从种植原则，着重考虑花园四季皆有景可赏。

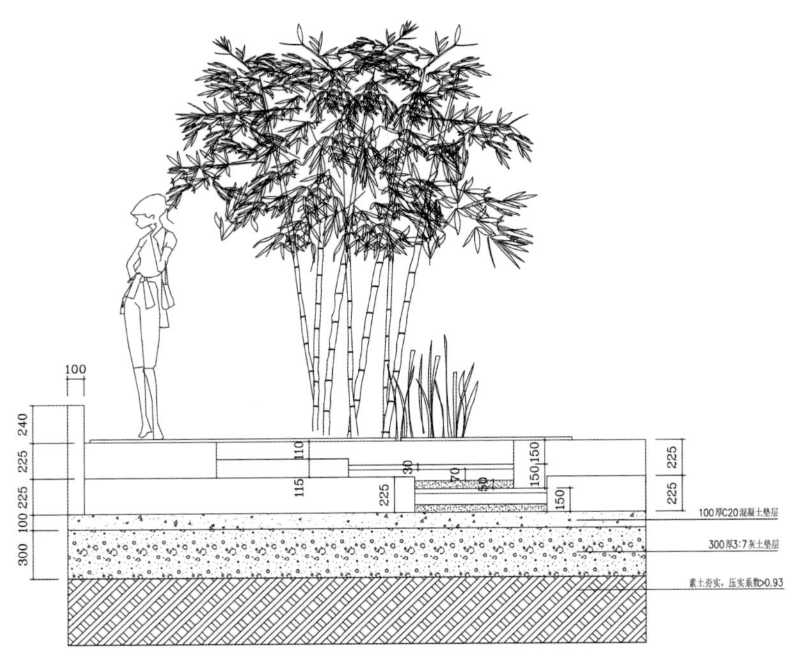

下沉空间剖面图 1

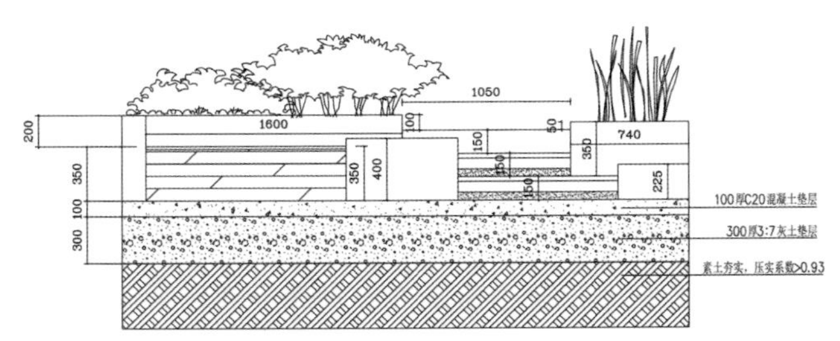

下沉空间剖面图 2

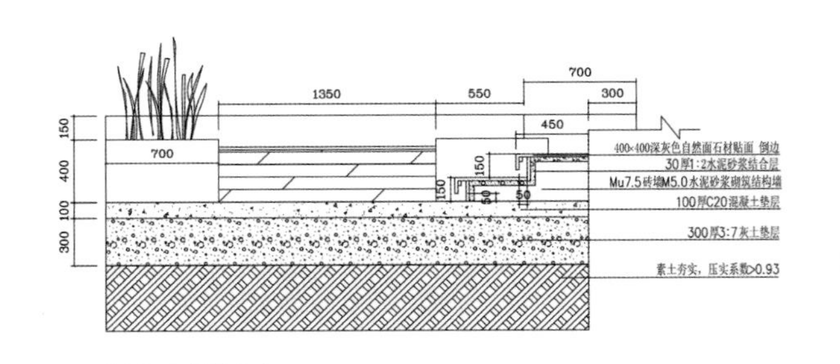

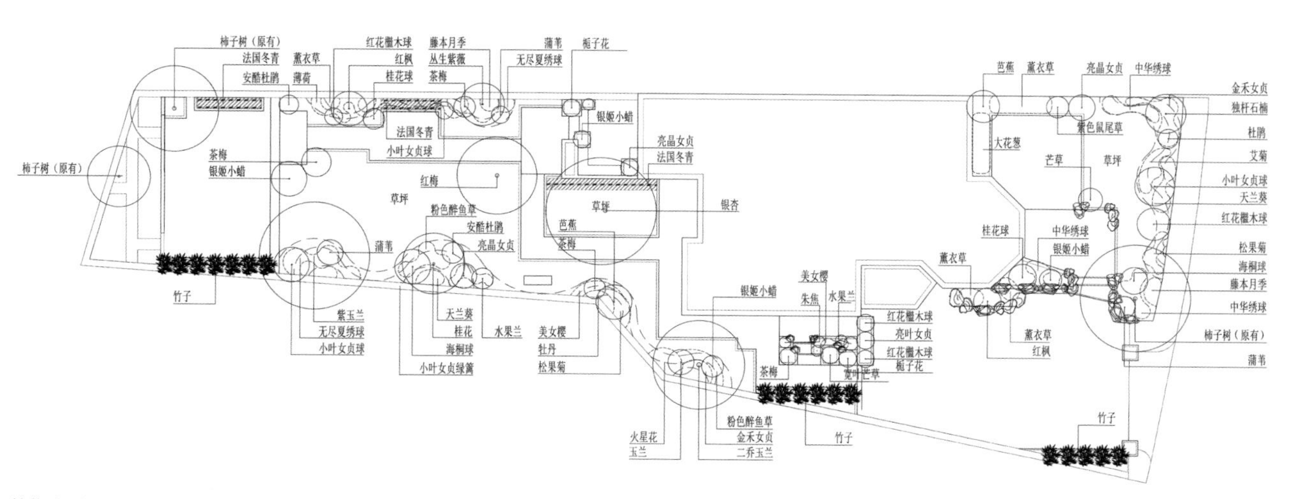

柿子树（原有）
法国冬青
安酷杜鹃
薰衣草
薄荷
红花檵木球
红枫
桂花球
藤本月季
丛生紫薇
茶梅
蒲苇
无尽夏绣球
栀子花
银姬小蜡
法国冬青
小叶女贞球
柿子树（原有）
茶梅
银姬小蜡
红梅
草坪
亮晶女贞
法国冬青
草坪
银杏
粉色醉鱼草
安酷杜鹃
亮晶女贞
芭蕉
茶梅
蒲苇
竹子
紫玉兰
无尽夏绣球
小叶女贞球
天兰葵
桂花
海桐球
小叶女贞绿篱
水果兰
美女樱
牡丹
松果菊
火星花
玉兰
粉色醉鱼草
金禾女贞
二乔玉兰
银姬小蜡
美女樱
朱焦
水果兰
红花檵木球
亮叶女贞
红花檵木球
栀子花
宽叶芒草
茶梅
竹子
芭蕉
薰衣草
亮晶女贞
中华绣球
紫色鼠尾草
大花葱
芒草
草坪
桂花球
中华绣球
银姬小蜡
薰衣草
薰衣草
红枫
金禾女贞
独杆石楠
杜鹃
艾菊
小叶女贞球
天兰葵
红花檵木球
松果菊
海桐球
藤本月季
中华绣球
柿子树（原有）
蒲苇
竹子

植物配置图

钟山高尔夫

项目地点：江苏省南京市
花园面积：1200 m^2
花园风格：现代自然
工程造价：210 万元
施工周期：5 个月
设计师：赵宜伟
设计单位：南京创造力景观工程有限公司

项目概况

本案设计采用自然风格，环绕整个别墅造景，以鱼池、凉亭为主，打造出一个简洁大方、自然纯净的庭院景观。

设计细节

自然式庭院景观前期规划之后，后期一般不用过多打理，只要保持植物自然生长即可，任由时光为庭院增色。因此，在庭院景观设计中，植物和道路的设计是最为重要的。

自然风格的庭院十分讲究与周边环境的有机融合，一般都把花园设计得如同大自然的一部分，同时还具有清雅、含蓄的特色。

设计理念以简单、实用、体现自然舒适风格为原则，建筑和景观相互交融，相辅相成。清澈见底的水池、规则平整的石阶、若隐若现的汀步、靠墙树立的栅栏，大气宜人的凉亭和休憩的躺椅静置于此，恍若人间仙境。

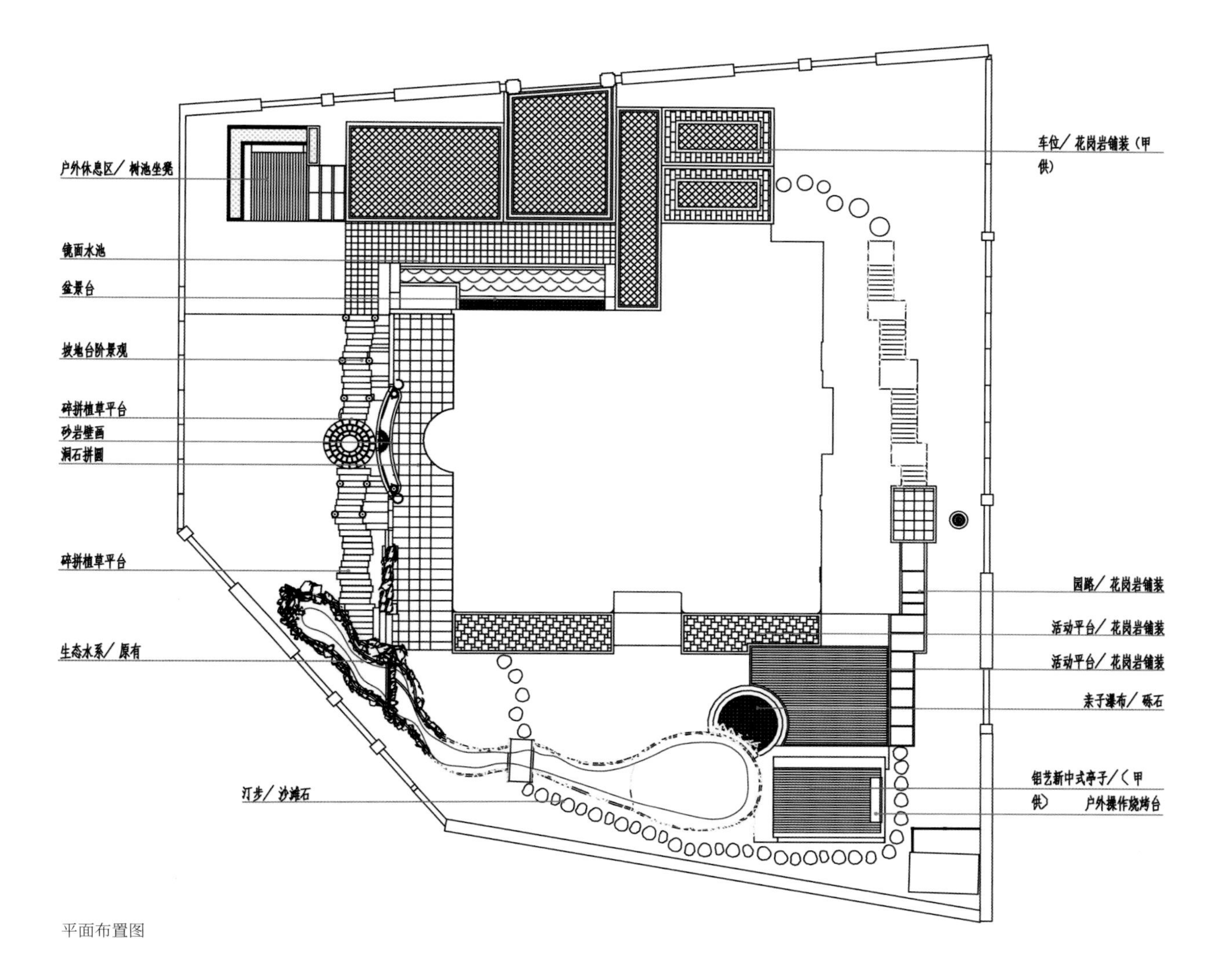

平面布置图

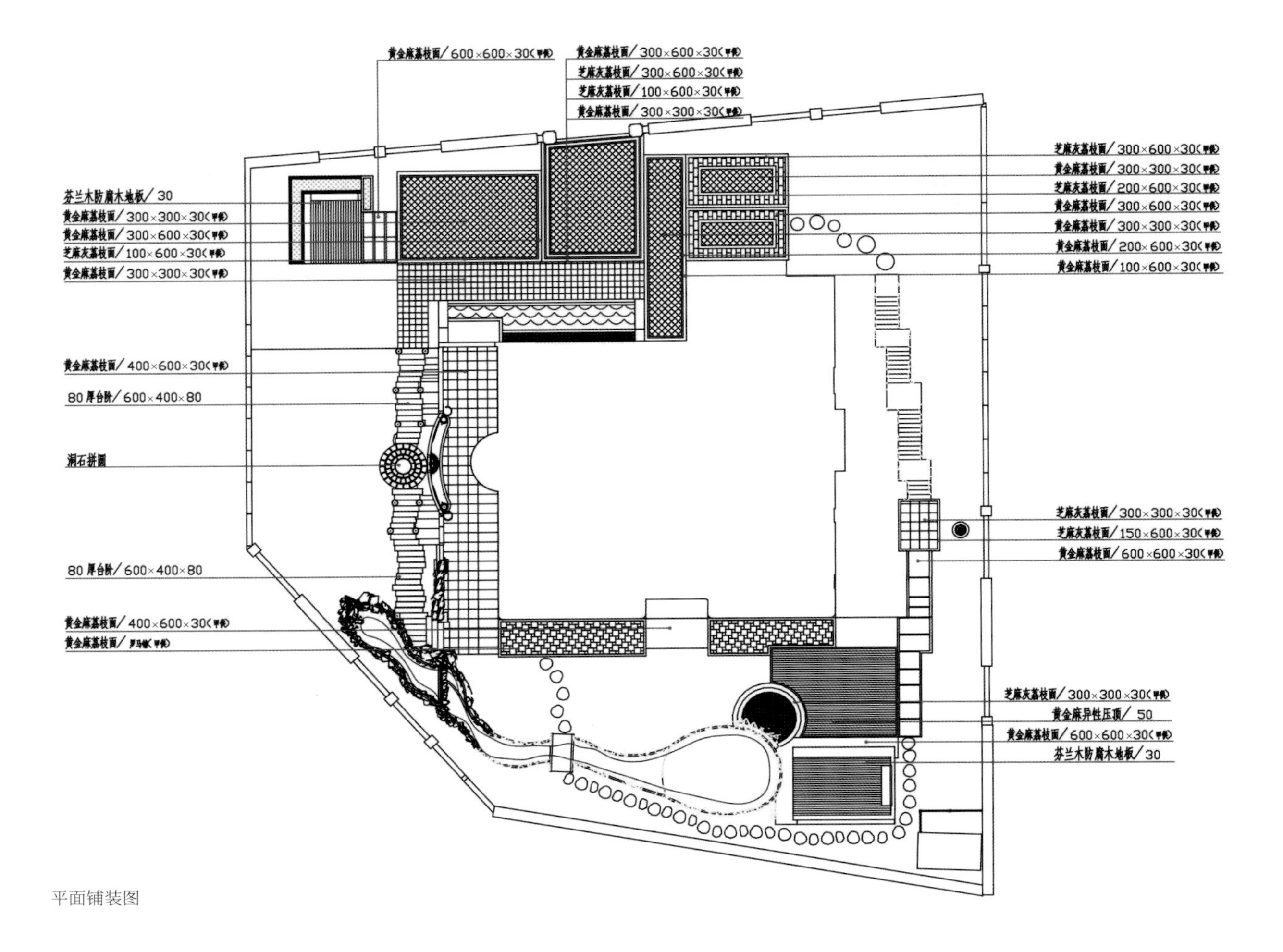
黄金麻荔枝面/600×600×30(甲供)
黄金麻荔枝面/300×600×30(甲供)
芝麻灰荔枝面/300×600×30(甲供)
芝麻灰荔枝面/100×600×30(甲供)
黄金麻荔枝面/300×300×30(甲供)
芬兰木防腐木地板/30
黄金麻荔枝面/300×300×30(甲供)
黄金麻荔枝面/300×600×30(甲供)
芝麻灰荔枝面/100×600×30(甲供)
黄金麻荔枝面/300×300×30(甲供)
芝麻灰荔枝面/300×600×30(甲供)
黄金麻荔枝面/300×300×30(甲供)
芝麻灰荔枝面/200×600×30(甲供)
黄金麻荔枝面/300×600×30(甲供)
黄金麻荔枝面/300×300×30(甲供)
黄金麻荔枝面/200×600×30(甲供)
黄金麻荔枝面/100×600×30(甲供)
黄金麻荔枝面/400×600×30(甲供)
80 厚台阶/600×400×80
涧石拼圆
芝麻灰荔枝面/300×300×30(甲供)
芝麻灰荔枝面/150×600×30(甲供)
黄金麻荔枝面/600×600×30(甲供)
80 厚台阶/600×400×80
黄金麻荔枝面/400×600×30(甲供)
黄金麻荔枝面/
芝麻灰荔枝面/300×300×30(甲供)
黄金麻异性压顶/50
黄金麻荔枝面/600×600×30(甲供)
芬兰木防腐木地板/30

平面铺装图

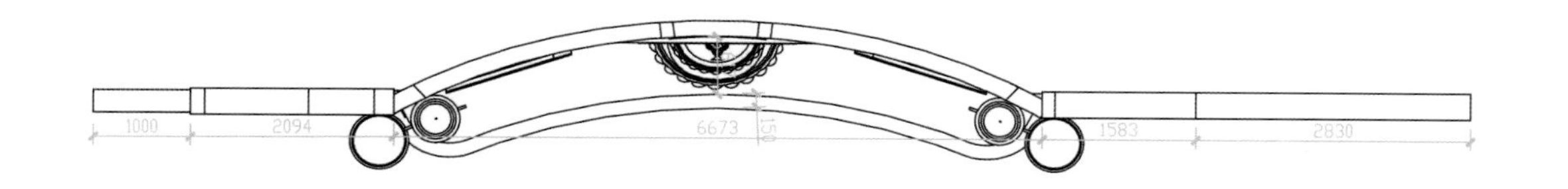

砂岩壁画详图

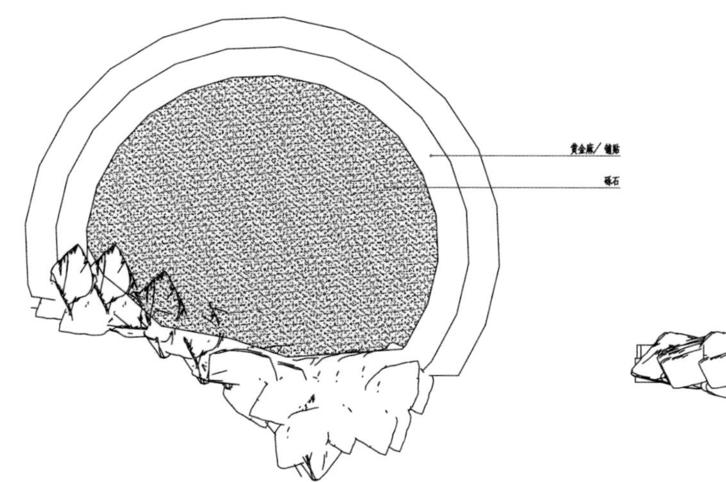

亲子瀑布平面图

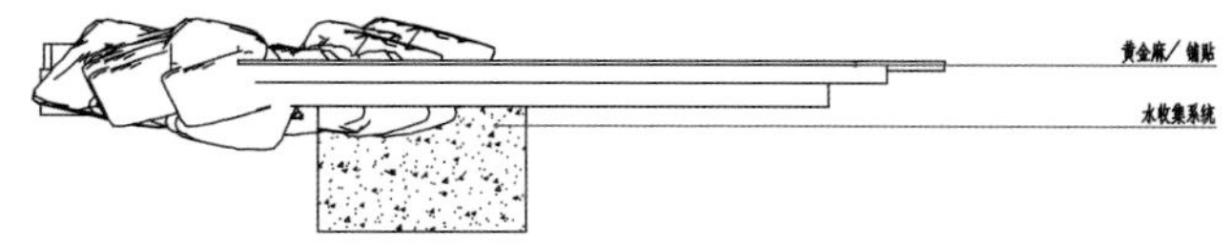

亲子瀑布立面图

混搭风格

Mix Style

阿卡迪亚花园

项目地点：江苏省苏州市
花园面积：1200 m^2
花园风格：欧式混搭
工程造价：118 万元
施工周期：6 个月
设计师：王剑
施工单位：苏州皇家御林景观工程有限公司

项目概况

本案为临水而居的独栋庄园别墅，设计围绕家庭需求而展开，以实际功能划分庭院，旨在满足家庭使用需求外，体现主人的性格和品位。加强了建筑与景观之间的层次与联系，将两者融为一体，让主人享受惬意时光的同时，感受自然的气息。

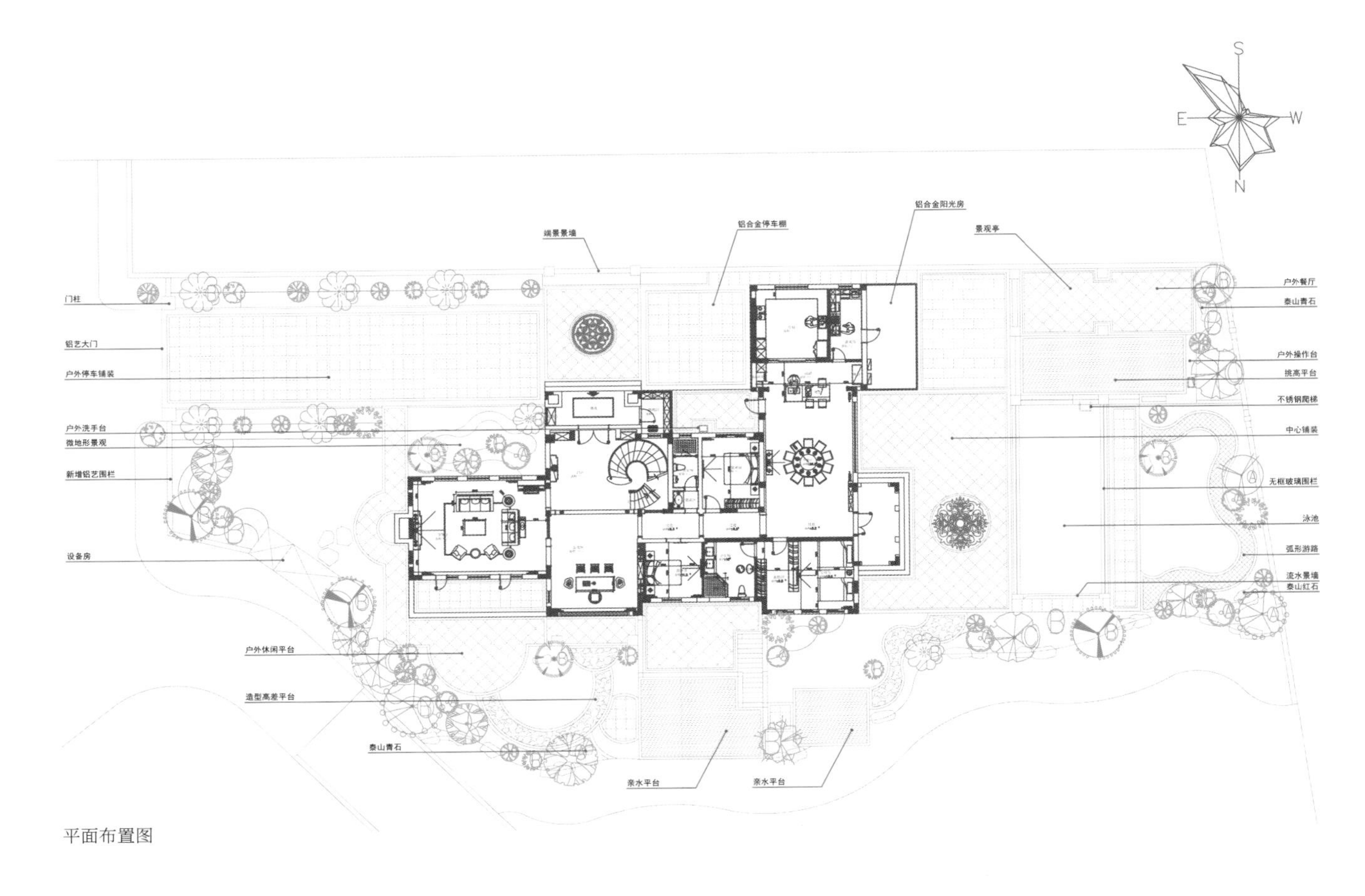

平面布置图

设计细节

案例选取了意式东方的造园设计，将入户的仪式感与庭院各景点关联起来，营造出最佳观赏点与互动性。

建筑带有浓郁的托斯卡纳风，景观以自然质感的砖石铺装为主，户外休息厅和本体建筑相呼应。花园较多地使用赤陶、石雕花器和兽头水口等装饰物，营造出自然又舒适的居住空间，户外的家具搭配亦是如此。

园主本身有多辆车，停车位较多，当停车后从西侧进入室内时，与邻居窗户相邻。设计师在此设计了一面景墙屏风，很好地和铝艺围栏结合起来，起到一定的遮挡作用。

建筑西侧设置了大片开阔的草坪和自然生长的树木，将不规则的院落弱化，与穿梭的马路、空调设备等杂物隔离开来，遮挡外界视线。另外，让西向的花园不至于太冷，顺而营造静谧的空间。

随着铺装的指引，来到北区河边的休闲平台。在这里，临水而栖，感受四季之景的变换。

东面是整个花园活动密度最大的区域，因园主家人喜好游泳，故设计了一个 4m × 8m 的泳池。家庭聚会结合休闲烧烤吧台，丰富周末时光。

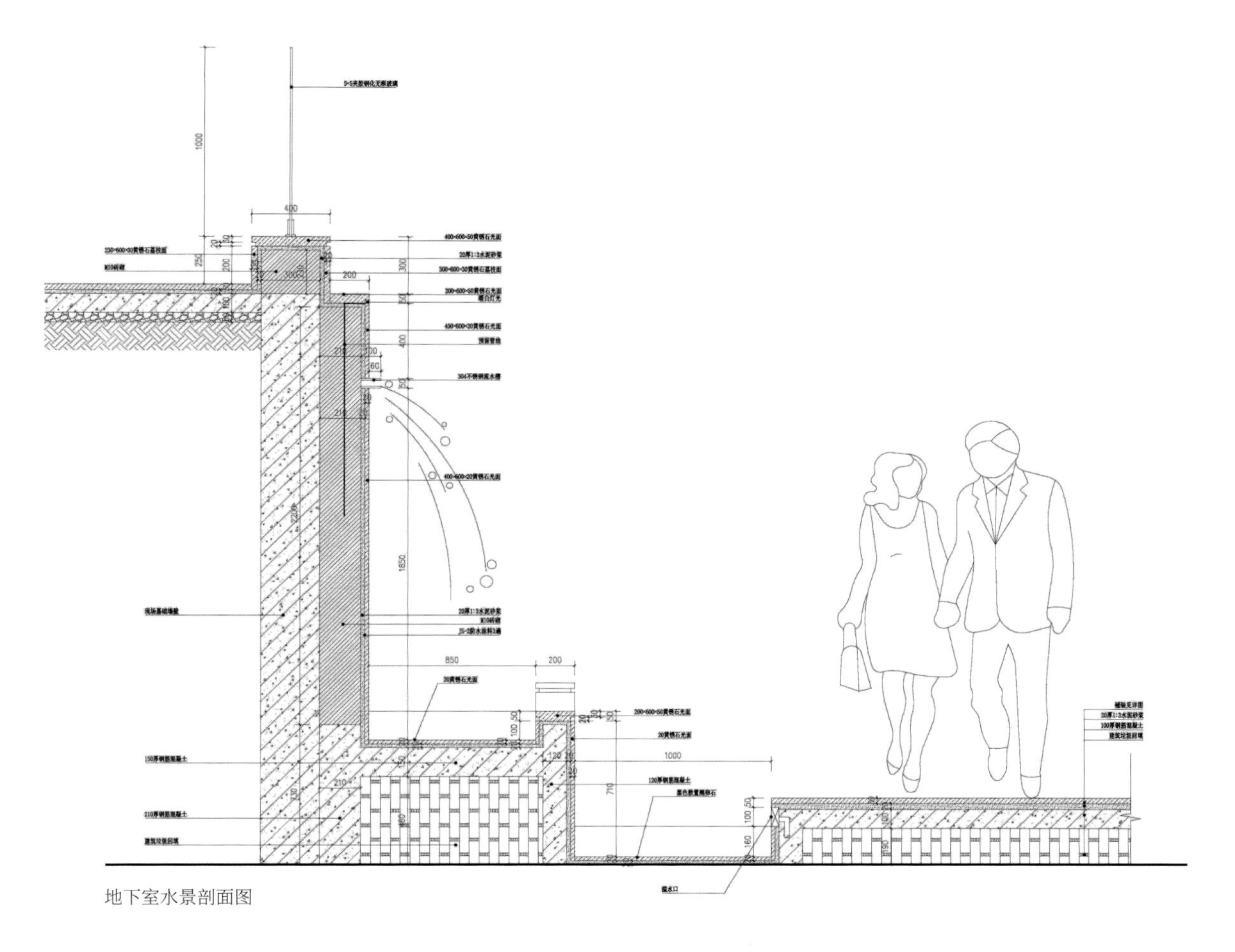

地下室水景剖面图

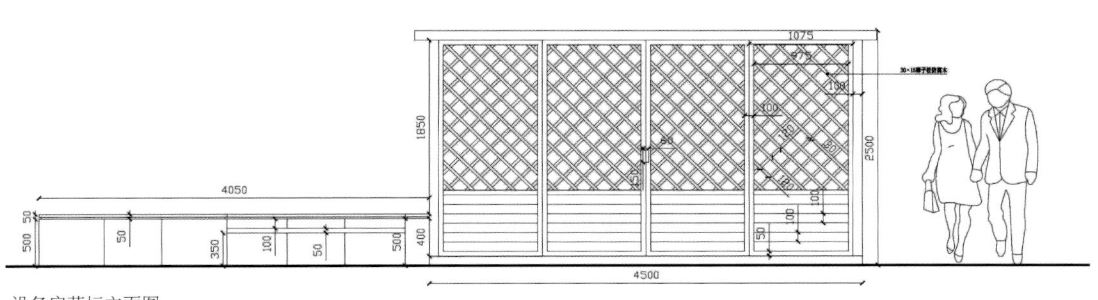

设备房花坛立面图

枫林小院

项目地点： 上海市
花园面积： 100 m^2
花园风格： 日式混搭
工程造价： 23 万元
施工周期： 45 天
设计师： 黄玉杰、张健
设计、施工单位： 上海苑筑景观设计有限公司

项目概况

这是一座以“枫”和“水”为主题的园子，园主是一位优雅的老先生，特别喜爱枫树。初次来到现场，园子里布满了大大小小的枫树，都是园主从各地收集回来的。不同的品种、规格，提起它们的名称和习性，老先生如数家珍。该园子的改造需求主要有：

1. 设计自然水系，有养鱼的需求。
2. 现有枫树需要合理安置。
3. 过道处景观的优化。

1. 红枫树
2. 水景
3. 木栈道
4. 水上汀步
5. 红枫树
6. 特色汀步
7. 置石地形
8. 原有园路
9. 原有操作台
10. 秋千
11. 汀步
12. 红枫树
13. 固定坐凳
14. 花境种植区

平面布置图

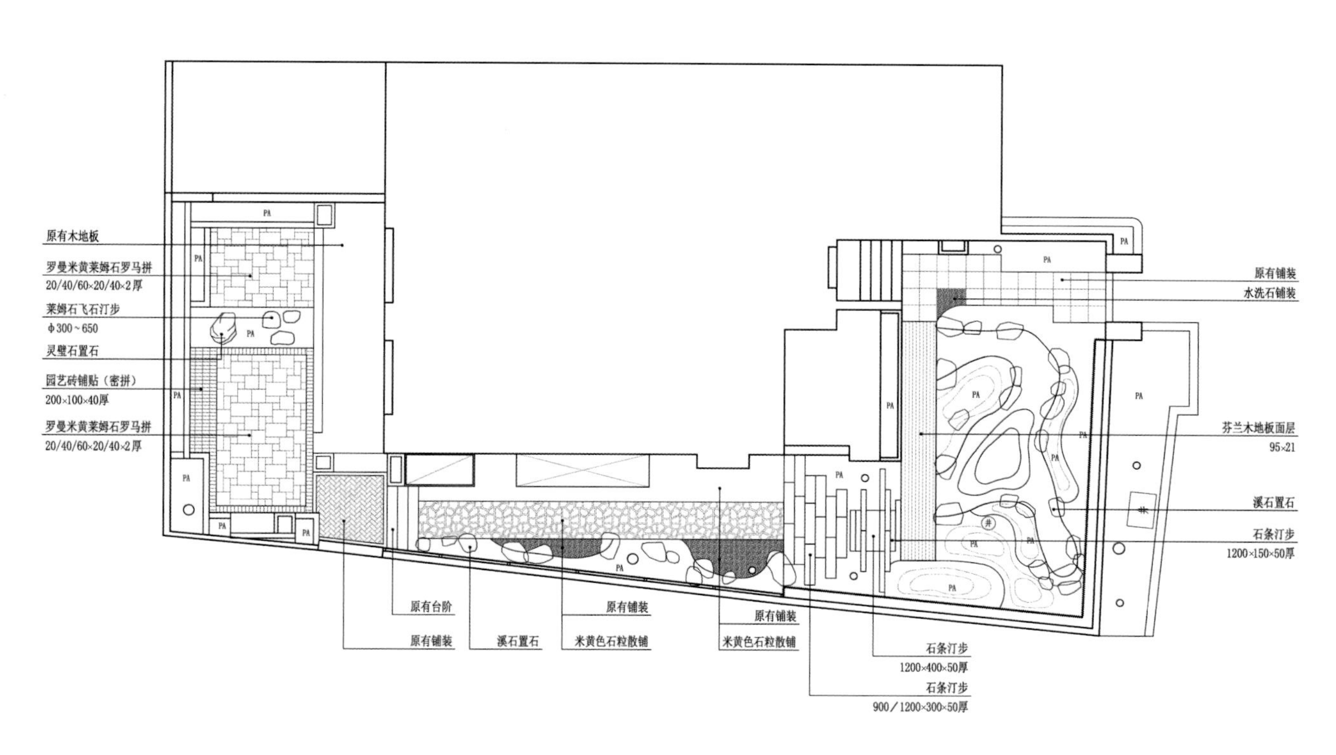

铺装布置图

设计细节

枫树与水一直以来都是好搭档，其飘逸的枝叶低垂水面，伴随着水流的节奏随风摇曳。设计师以“枫”和“水”作为庭院主角，在尽头设置水系源头，自上而下的跌瀑模拟出自然溪流的层次。水源上方的焦点是园子里最大的一棵枫树，叶片随着季节的交替而变化，仿佛在与人诉说着四季更迭。

水系有深有浅，顺着跌瀑下来最深处，这里是鱼儿们的乐园，位于大树的冠幅下，在炎热的夏季，为鱼儿们提供了一处阴凉的空间。

旁边的岛屿划分出浅水区，水系延伸至花园入户处，推门而入即清晰可见。高低错落的枫树点缀在岸边，下层苔藓延伸至水面，杜鹃花类地被植物错落其间，待到春天来临时，它们便是花园中最靓丽的风景。

走过古朴的条石汀步，来到侧院空间，水系的禅意风格延伸至侧院。苔藓地被在树荫下恣意生长，砾石与景石搭配，营造出幽静的空间氛围。

一座小院，闲暇时在户外放一把小椅，听潺潺的流水，沏一杯清茶，观赏鱼儿在水中自在地畅游，是忙碌的日常生活下最放松的时刻。

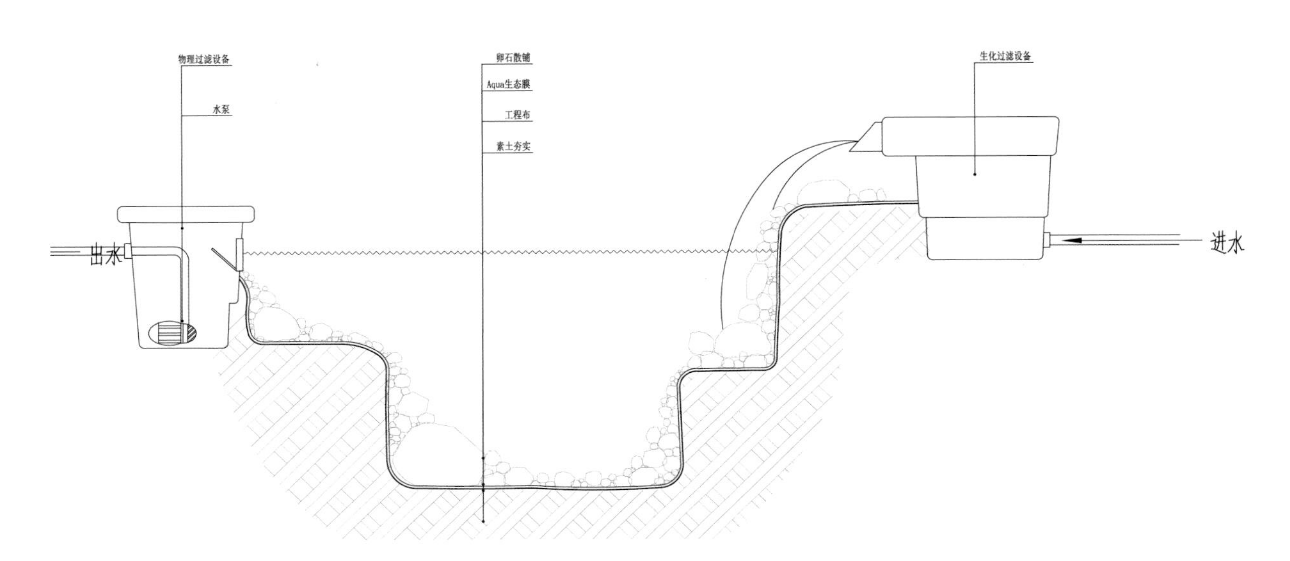

水池剖面图

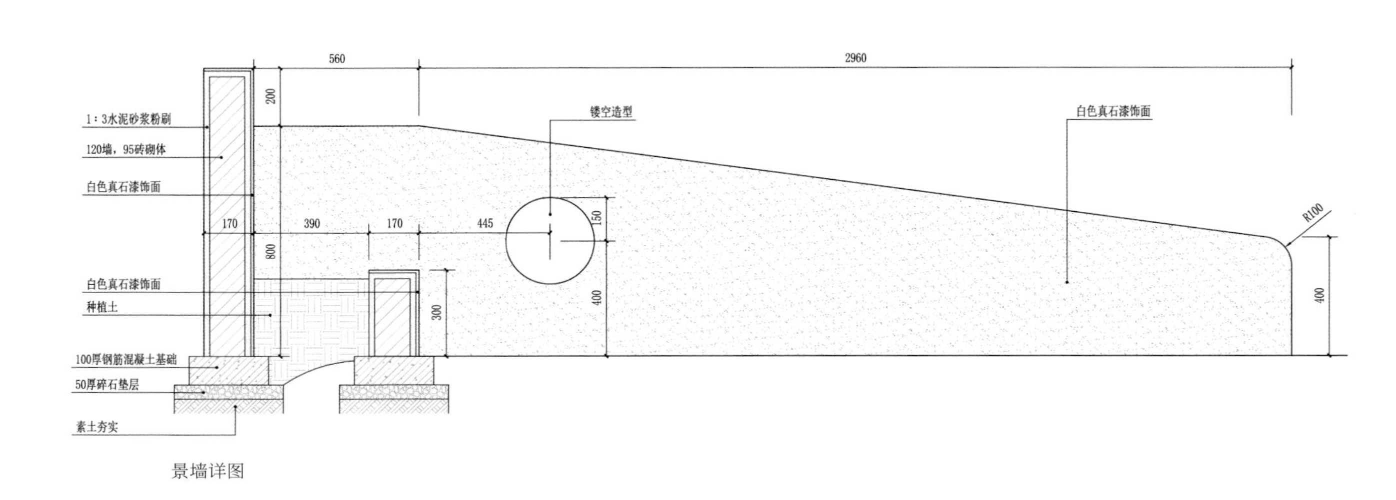

景墙详图

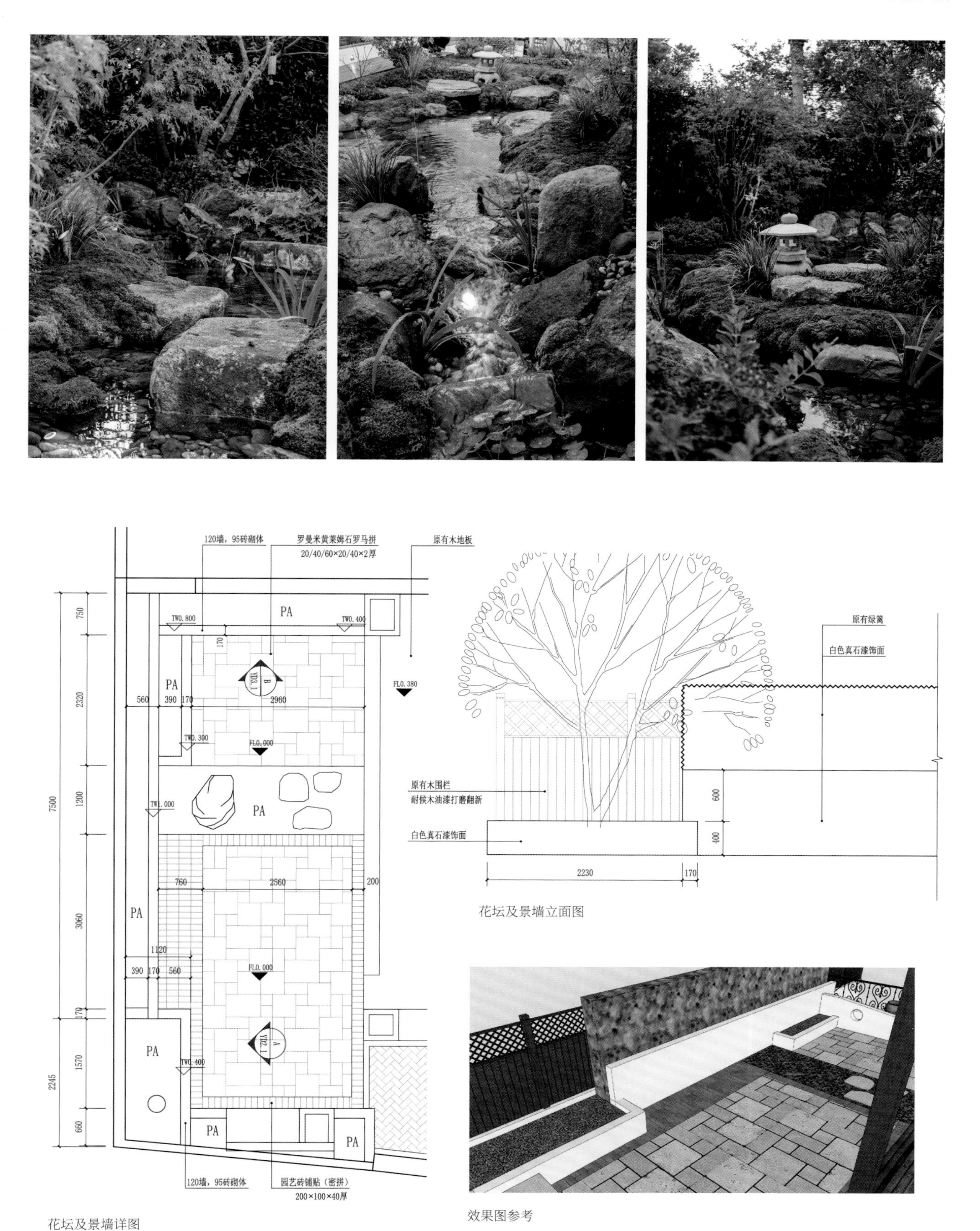

花坛及景墙立面图

效果图参考

花坛及景墙详图

海外名仕苑

项目地点： 安徽省马鞍山市
项目面积： 400 m²
花园风格： 欧式混搭
工程造价： 300 万元
施工周期： 9 个月
设计、施工单位： 南京京品园林景观设计有限公司

项目概况

该花园定位较高，客户要求按照 50 年的使用品质进行建造，对设计和选材的标准都较高。别墅为双拼户型，后改为独栋，整个建筑立面是用石材干挂的欧式风格。

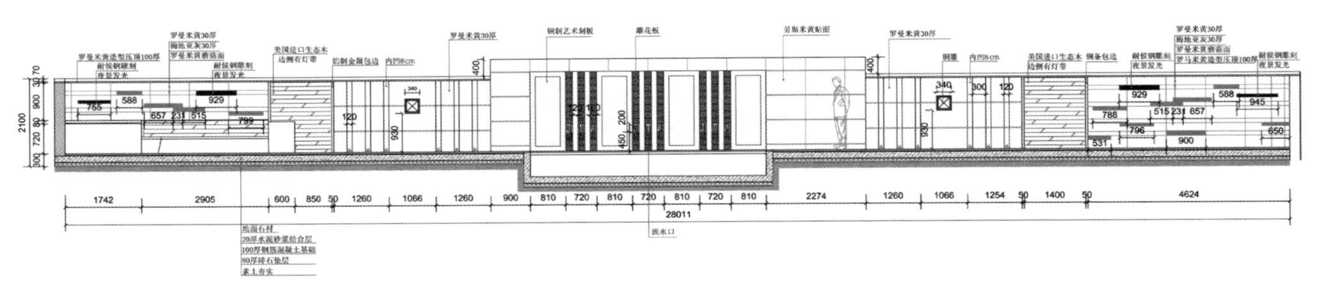

南面围墙立面图

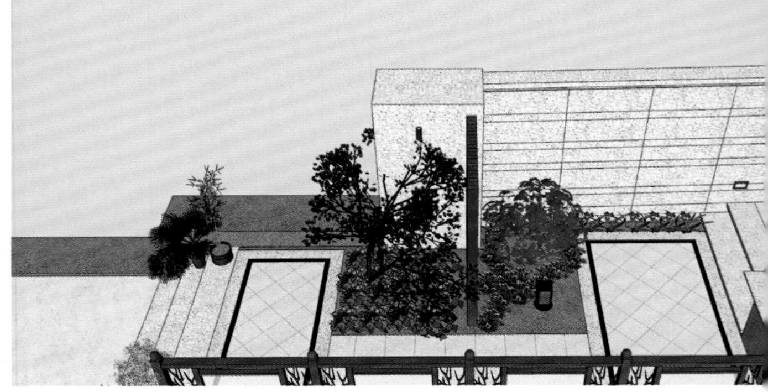

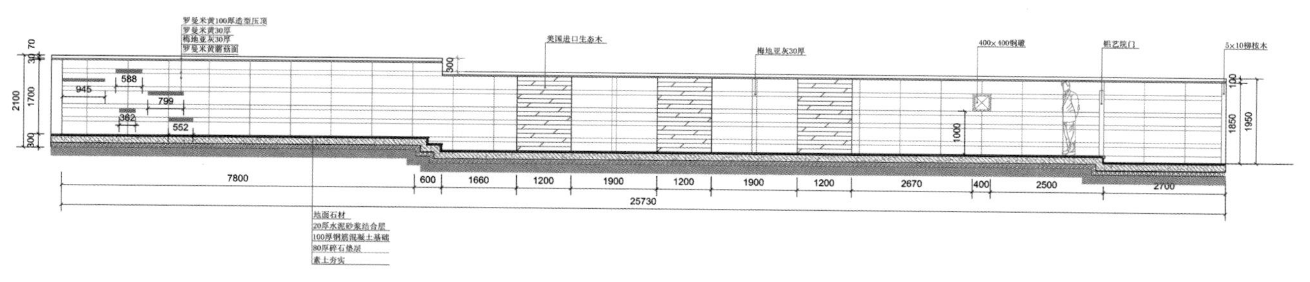

西边围墙立面图

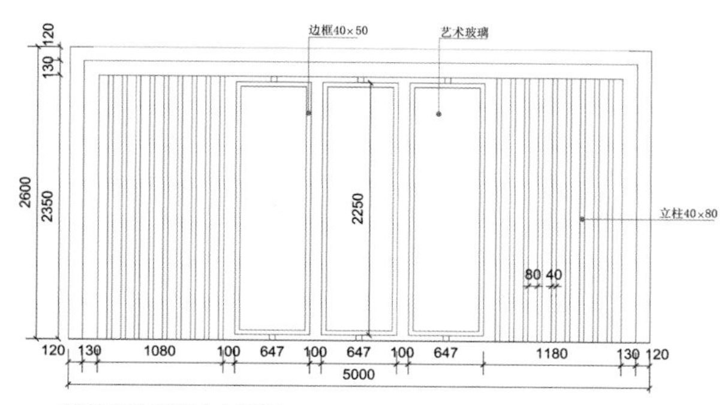

铜制廊架西侧内立面图

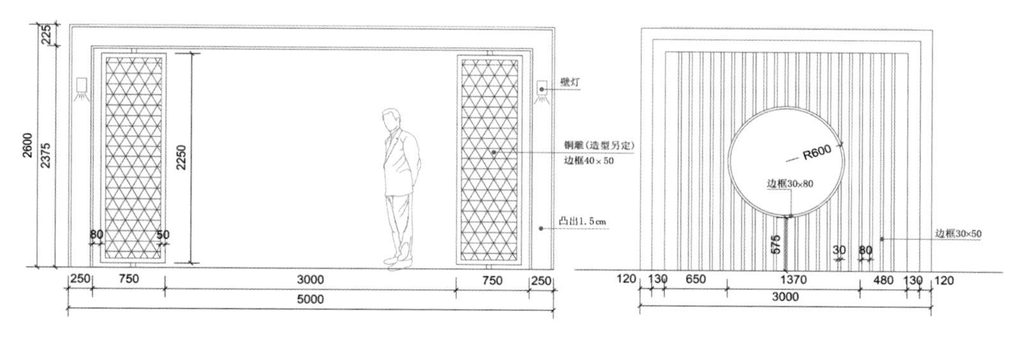

铜制廊架东侧正立面图

铜制廊架南侧内立面图

设计细节

花园定位为简约欧式，与建筑格调相匹配，但内在意境又体现出中式园林的精髓，步移景异、小中见大。

花园三面环绕建筑，北侧为入户及停车位，主要休闲区在南边花园。从平面规划图可以看出，南边院子以长水系为纽带，功能区及景观元素自西向东展开，以出户弧形平台为中心轴线。平台原本是规整的，和院子有五级台阶的高差，后外扩做弧形使露台加大，提升了别墅的大气感。将院子抬高了两级台阶，把观景露台和花园的距离感拉近，让功能和美观完美结合。

正对客厅大门的是一面铜雕景观墙，设计了流水口和镂空雕刻，给人一种积极向上的寓意。

水系西侧是南边花园主要的休闲区，设计了一个简约又略显古典的休闲亭，全部使用铜质打造。侧面屏风采用镂空及浮雕的方式，呈现出某种寓意。亭子南侧是圆形镂空屏风，透过洞口可以看到一棵造型优美的黑松，成为亭子内一个非常漂亮的画面，这是运用了传统园林的框景与借景手法。

水系西南侧围墙前设计了三棵造型树，正对亭子的是黑松，中间是金钱榆，景墙边是茶梅。道路采用汀步的形式，石子散放周边，树下采用佛甲草微地形，形成略带禅意的景观，后期维护也方便。

水系南北两侧都设有通道，南边院子呈“回”字形游园线路，既便于通往各区，又增加游园的丰富性。东南角为 L 形卡座烧烤区，后方是一个加高了的树池，栽植了一棵西班牙橄榄树。无论是树形、大小、风格都与欧式烧烤氛围完全匹配。

地面和围墙统一采用进口大理石贴面，整座花园没有一个地方使用草坪，基本是“硬地 + 花池”或佛甲草微地形，可在不需过多打理的情况下保持景观的四季稳定。

骊山国际花园

项目地点：山东省青岛市
花园面积：100 m^2
花园风格：田园混搭
工程造价：20 万元
施工周期：45 天
设计师：董侃侃
设计、施工单位：青岛美汇兰亭景观工程有限公司

项目概况

整个庭院面积不大，经过与园主的详细沟通，建议将花园定义为田园格调，满足园主足不出户便可见芳草萋萋、无须奔波即可得春花秋月的愿望。

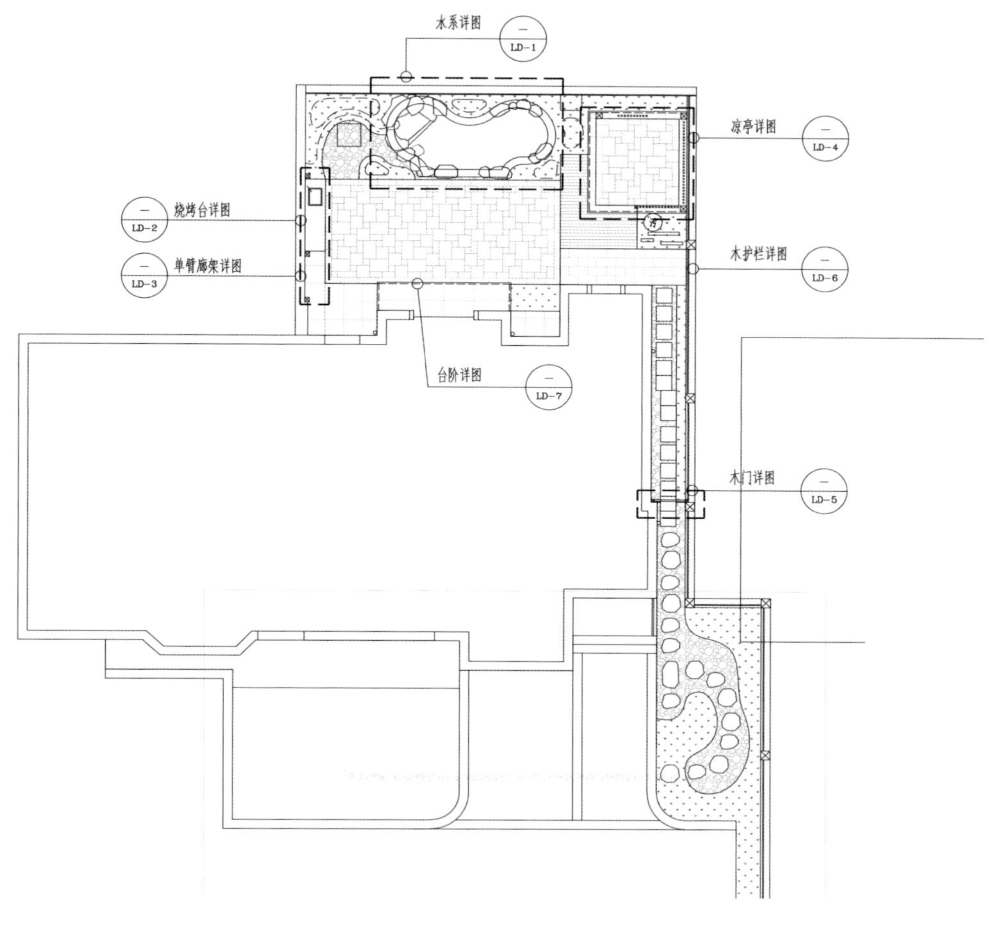

平面布置图

设计细节

庭院西侧为狭长小道，采用汀步与砾石结合，空间干净清爽，爬墙植物缓解了边缘围墙的压抑感。

踏入庭院，形式规整的石材铺装打造出空间质感，干净利落的线条感觉宽敞开阔，选用的色彩既稳重又不失恬静温馨，为整个庭院营造了一种惬意悠然的基调。

立于庭院，视线自然集中于中心景观的一方小池，清冽的泉水自石头跌下，丰富了空间层次。水流引来鱼儿嬉戏，又好似与游者相乐，别有一番趣味。

围绕着鱼池的边缘长满了主人喜欢的植物，有玛格丽特菊花、大丽花，还有美女樱、鼠尾草和薰衣草等。通过园艺活动，人与自然得以和谐相处。

池旁小亭可供三五好友谈天说地，饮茶喝酒。超长规格的料理台既可以放置烧烤菜品，也可以喝咖啡、品红酒，周末的时候来一场露天烧烤，工作的压力全部得到释放，生活好生惬意。

一方庭院，一池绿水，一家安康，三餐四季，就是我们向往的生活。

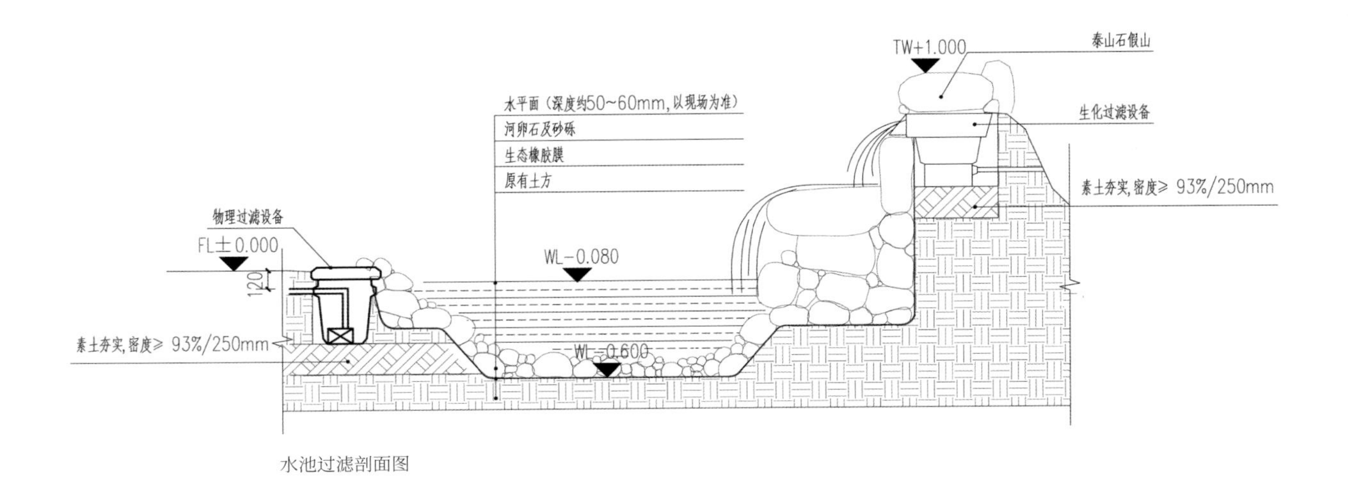

水池过滤剖面图

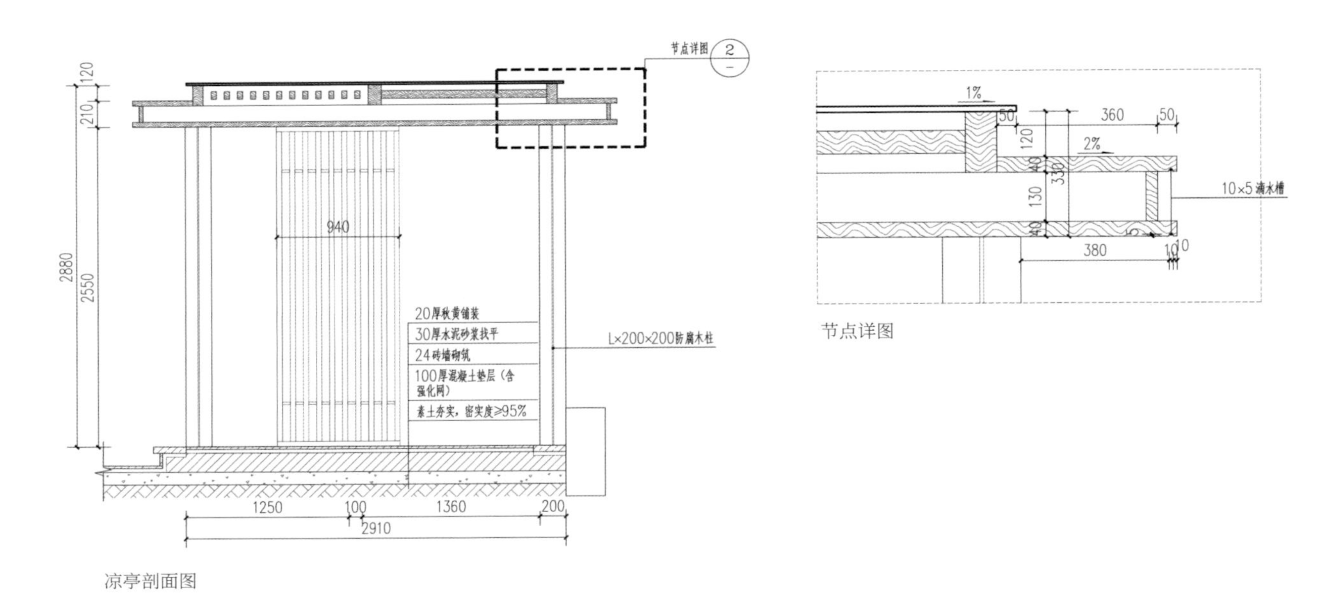

凉亭剖面图

节点详图

亿达玖墅

项目地点：辽宁省沈阳市
花园面积：180 m^2
花园风格：日式混搭
工程造价：30 万元
施工周期：10 个月
设计师：董子楠、邵华
施工单位：沈阳森波园林工程有限公司

项目概况

项目所在园区绿化四季分明，杂木众多，建筑外观为托斯卡纳风格。园主崇尚禅宗意境，喜欢自然环境，希望对原始物件尽量保留，花园外墙色调与建筑统一。此外，对一些尺寸数据、直角线条、对齐关系等设计细节也比较注重。

经过现场踏勘，该户型近似于 U 形边户，南院高差较大，是园区唯一一家南北有 2.8m 高差的户型。

花园东边为主路，因为高差的缘故，来往视线一目了然，但园主没对私密性提出要求，反而比较喜欢邻里之间通透的视线。园主平时与爱人、母亲长居于此 ，节假日时家人、友人会过来小聚。

设计细节

南院东南角为不规则空间，考虑到南院无覆土，且门正对采光井，为此，我们在此处做了直线花坛，把南部矩形空间放大化；不规则处做休闲平台，作为花园欣赏的制高点，可以俯瞰东侧长条形花园。

因地制宜，巧用高差营造花园主要景观。以黑山石作台阶，砂砾寓意溪流，水从一侧岩石中涌出，向下流入山脚。山脚作为主要休闲区，同时靠近室内餐区，方便物品流通，也可借助建筑绿荫乘凉，欣赏庭院的风景变化。

节假日时，家人、友人会常来聚餐，餐区和灶台也是必要的。有机蔬菜地、铁锅炖、柴火……每当丰收季节，天气微凉，三五好友相聚，采摘蔬菜，围坐灶台，阳光正好，微风不燥。

此项目处在一个现代建筑之中，虽然营造的是禅意庭院，却也不失烟火之气，这也是花园设计的奇妙之处。

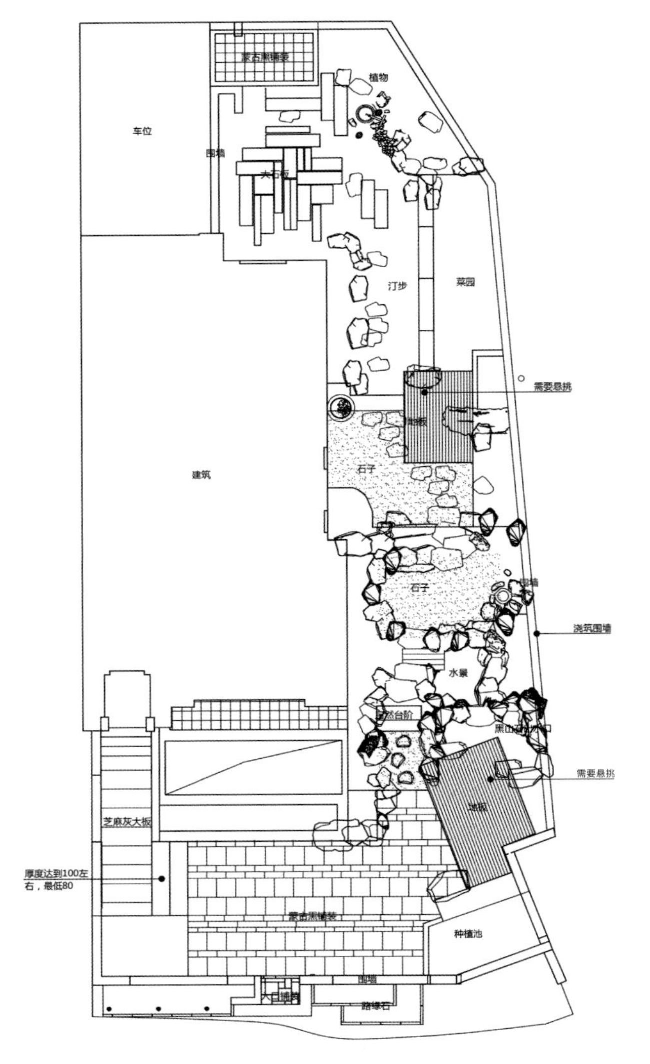

平面布置图

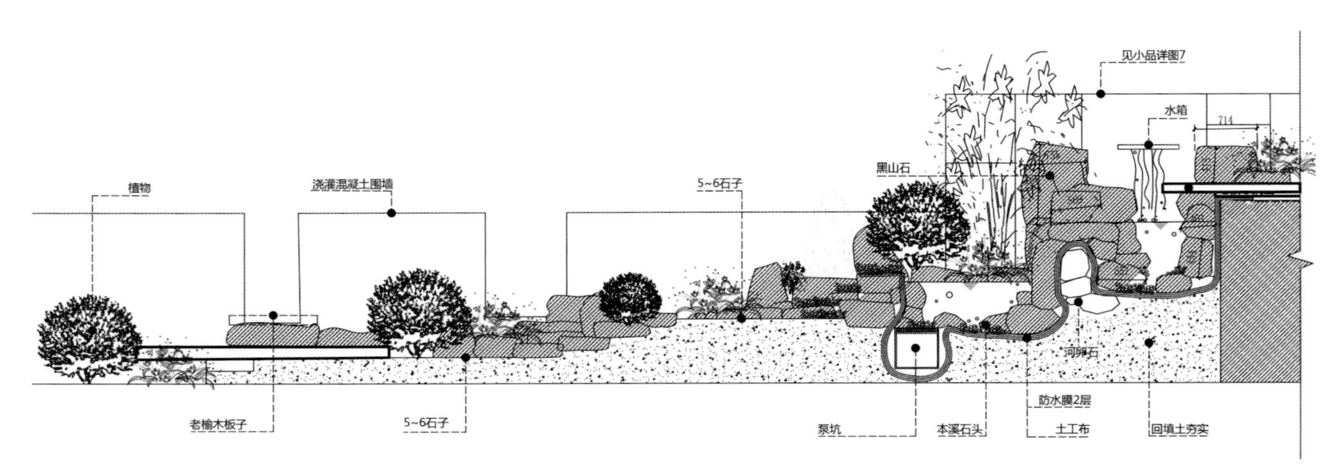

水景立面图

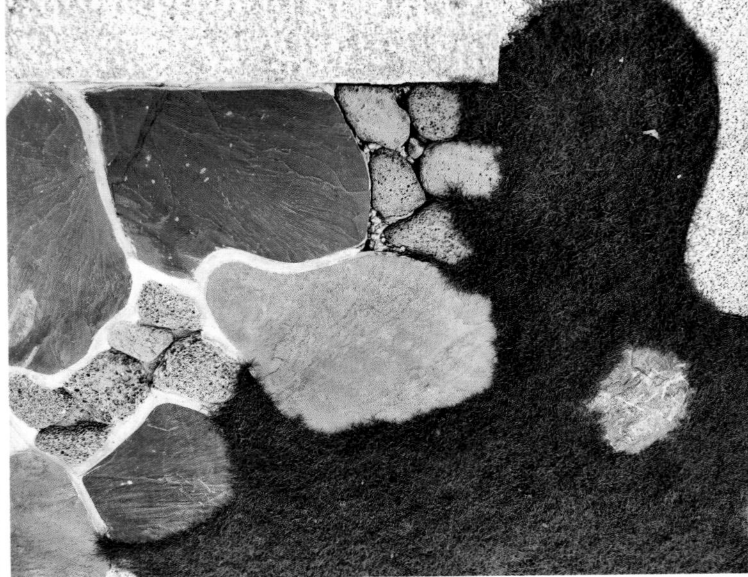

颐和星苑

项目地点： 山东省青岛市
花园面积： 85 m^2
花园风格： 日式混搭
工程造价： 21 万元
施工周期： 45 天
设计、施工单位： 青岛美汇兰亭景观工程有限公司

项目概况

该花园坐落于城市远郊，依山而建。第一次约见园主，就被其温润的气质所感染。从室内穿过步入花园，感受到室内装修的简约，心中对花园的规划设计也有了初步概念。花园形状酷似“帽檐”，不规则的边界打破了常规，如何将功能融于景观，是该花园设计的最大难点。

设计细节

禅意作为当下较为流行的花园设计风格之一，以其简洁、精致的特点而独树一帜，于本花园而言，可外延室内空间，相互借景，彼此交融。

考虑到花园边界的不规则，在保留原红枫树的基础上增设了屏风，隔断尖角带来的不适感，取正出户空间。用铺装变化和山石小景，打破单调性与压抑感。

随着设计深入，将静坐廊亭划入角落，借以缓和花园东北边角收口，并密植青竹，增加幽深感。花园中心预留出充足的休闲空间，搭配叠水景墙，听流水潺潺，竹子在微风下轻拂，给人静谧之感。

单纯、凝练以及细节上的处理是该花园最精彩的地方，充分结合水、木、石、植物等最简单的元素，创建了一个静雅、和谐的禅意花园。

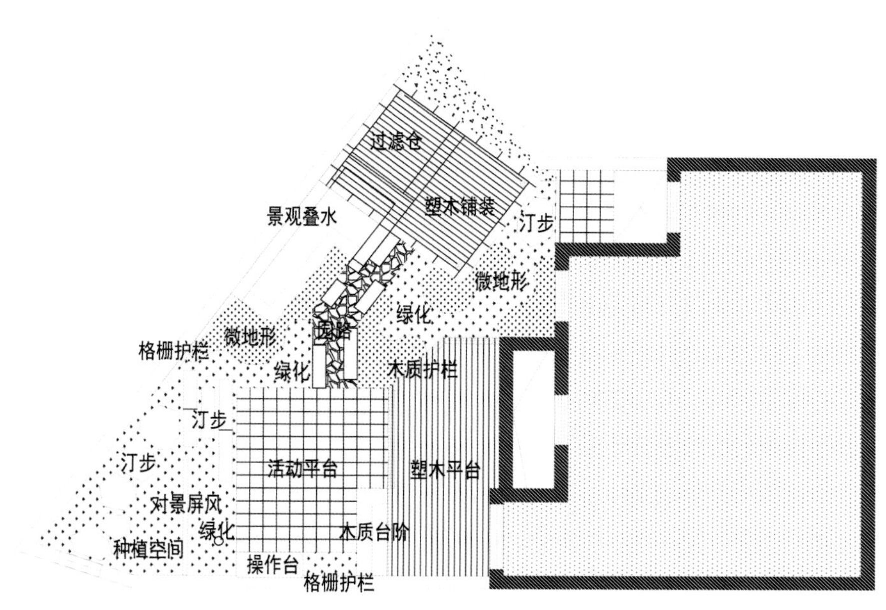

平面布置图

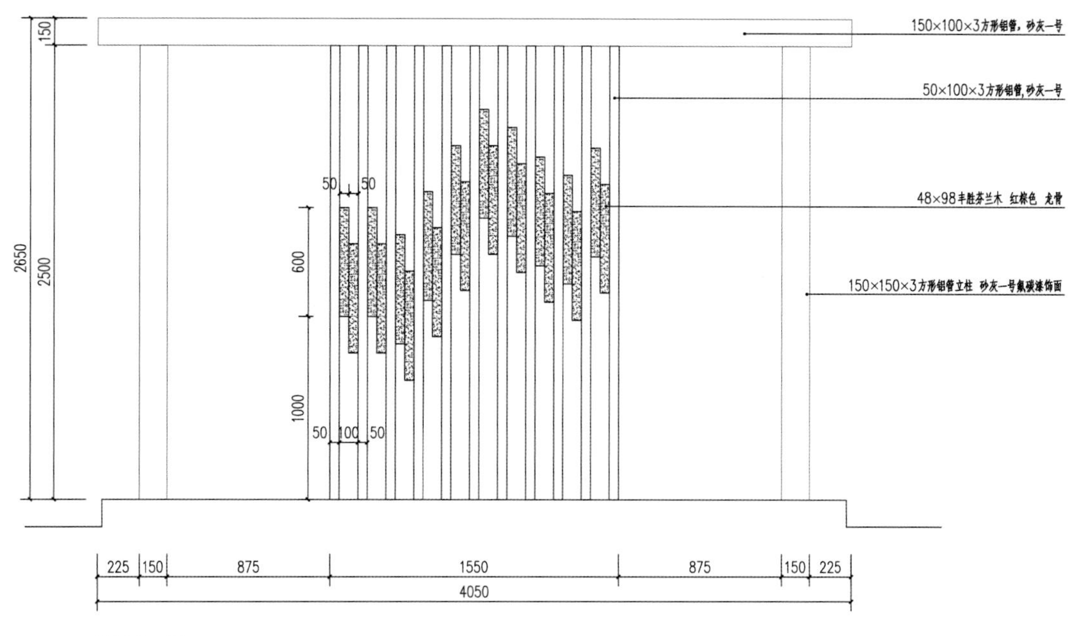

廊架立面图

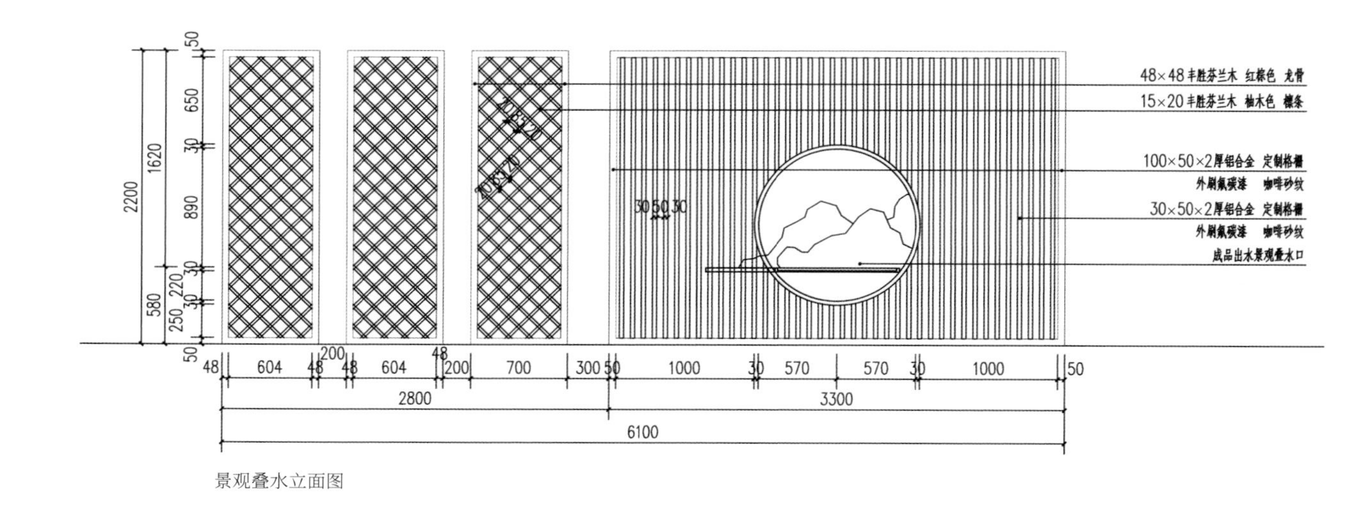

景观叠水立面图

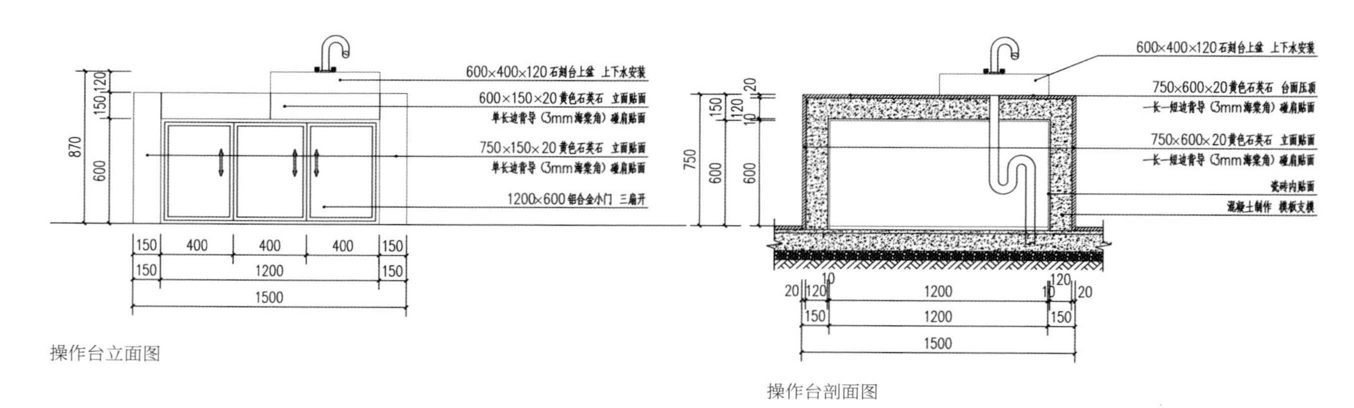

操作台立面图

操作台剖面图

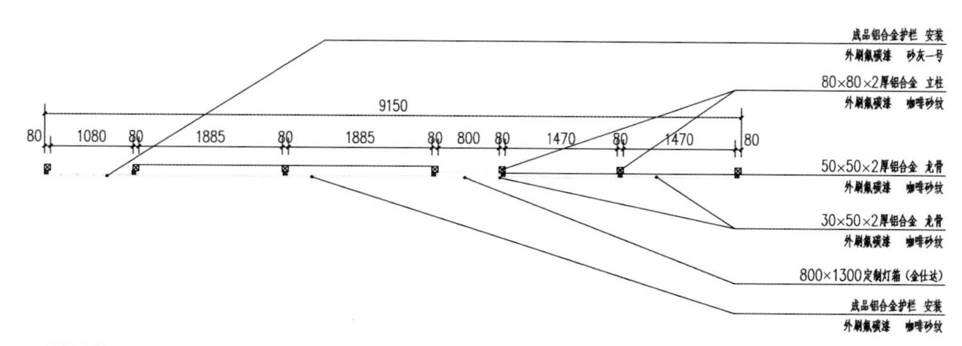

格栅护栏平面图

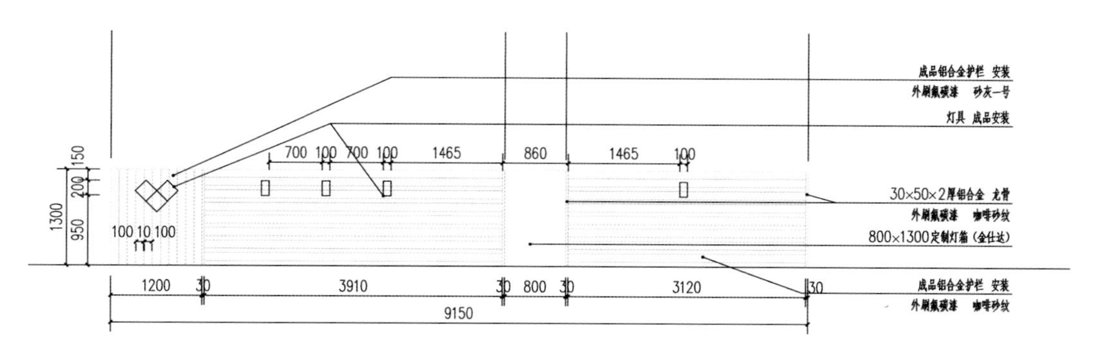

格栅护栏立面图

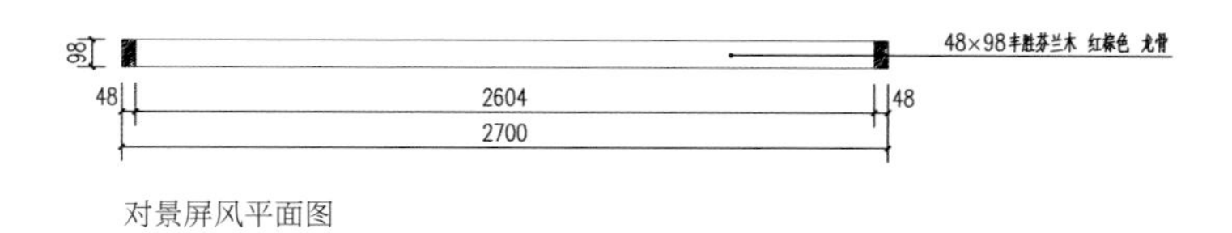

对景屏风平面图

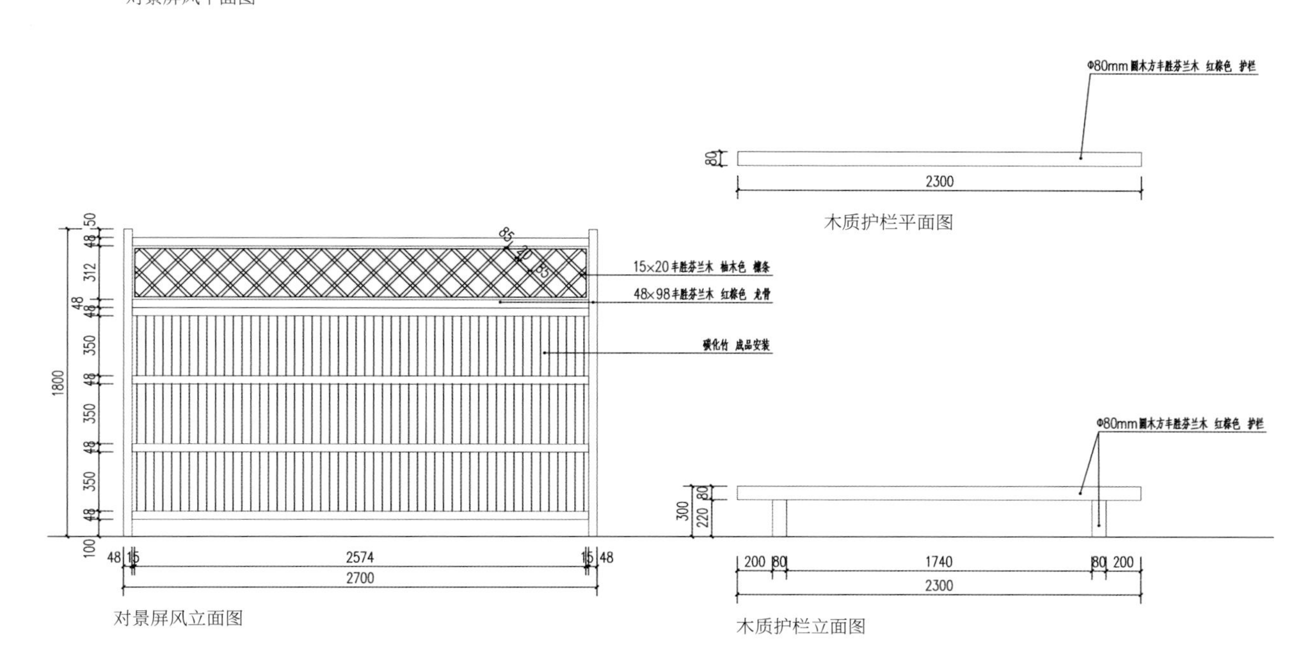

木质护栏平面图

对景屏风立面图

木质护栏立面图

中海锦龙湾

项目地点： 江苏省常州市
花园面积： 91 m^2
花园风格： 日式混搭
工程造价： 35 万元
施工周期： 4 个月
设计师： 祝进军
设计单位： 悠境景观设计工程（常州）有限公司

项目概况

本案分为南、北两个独立院落，兼具功能性与观赏性。园主不善打理植物，希望庭院的改造在满足使用功能的同时保持简洁清爽。

设计细节

南院作为主要休闲活动区，灰色铝合金院门门头加同色系围墙栏杆打开花园的风格属性，悬浮木平台、实体景墙、挑空坐凳、花池……亦景亦功能，演绎出生活的闲致意趣。

鱼池水景与自然汀步石、鸟屋共同形成趣味横生的盎然空间。细节处，东南角鱼池契合地形营造，紫薇点睛紫气东来。空间亦能容纳一桌六椅，实用性极强，有效的功能分区使花园生活与居住空间相辅相成，成为室内空间的有效延伸。

此外，还有一些巧妙的设计藏匿于细节之中。设计师用操作台柜体替代楼梯栏杆，石英砖、老石板与北欧木地板既相互碰撞，又共生共存，不仅具有美感，更具有长久的实用性。

不同于南院，北院面积不大，以观赏为主。考虑到园主不善打理植物，为平衡院子的四季配色，设计师选择了高低不同、形态各异的低维护植物进行造景，羽毛枫、黑松、黄金香柳、龟甲冬青、红花檵木、紫叶小檗……景色相映成趣，引人遐想。北院风格偏日式，以木平台和枯山水造景为主，保持和自然对峙的坐望感。花园被植物温柔拥抱，生活被花园赋予新生，信步其间，能让奔波的心灵得到短暂的休憩与慰藉。

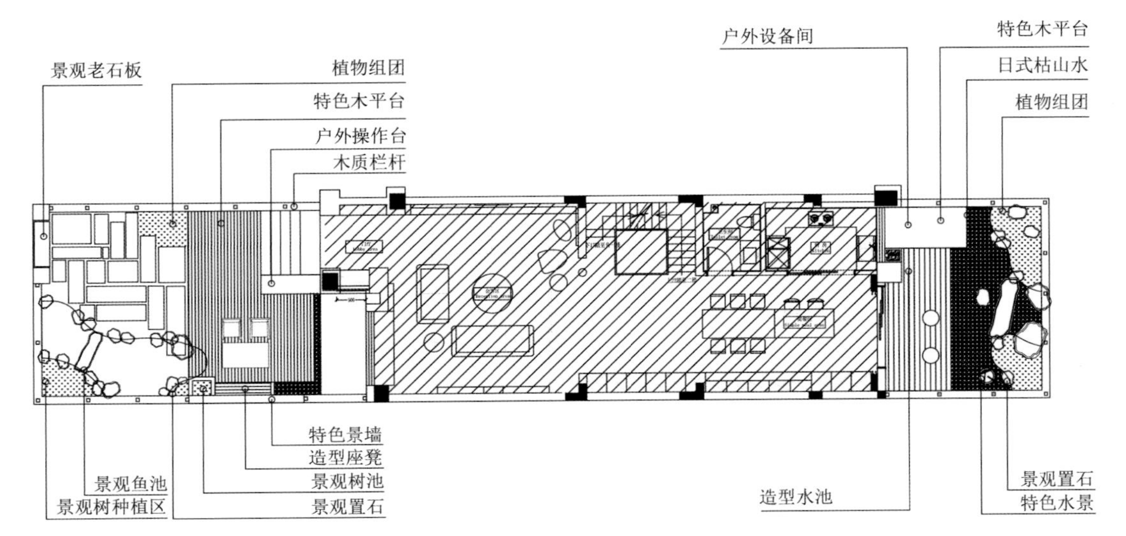

平面布置图

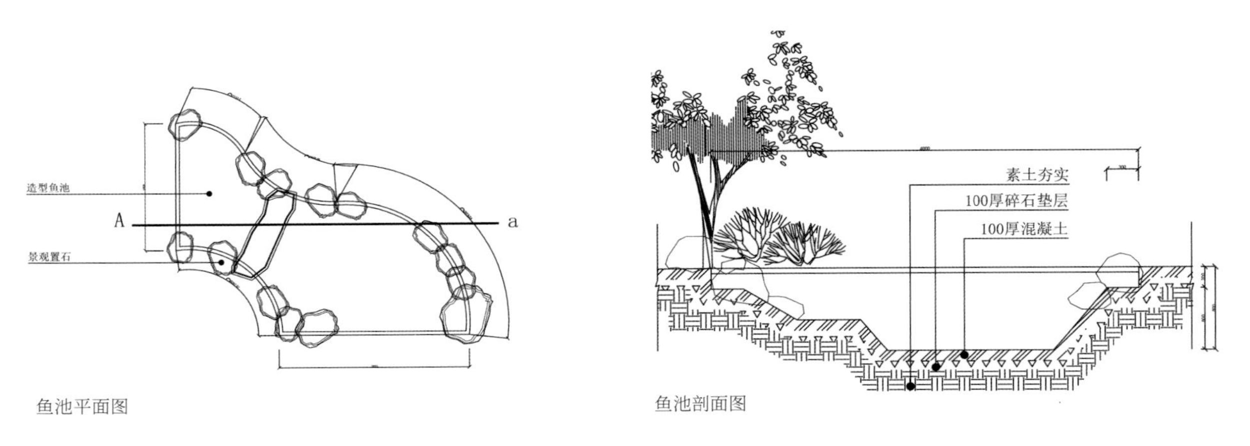

鱼池平面图

鱼池剖面图

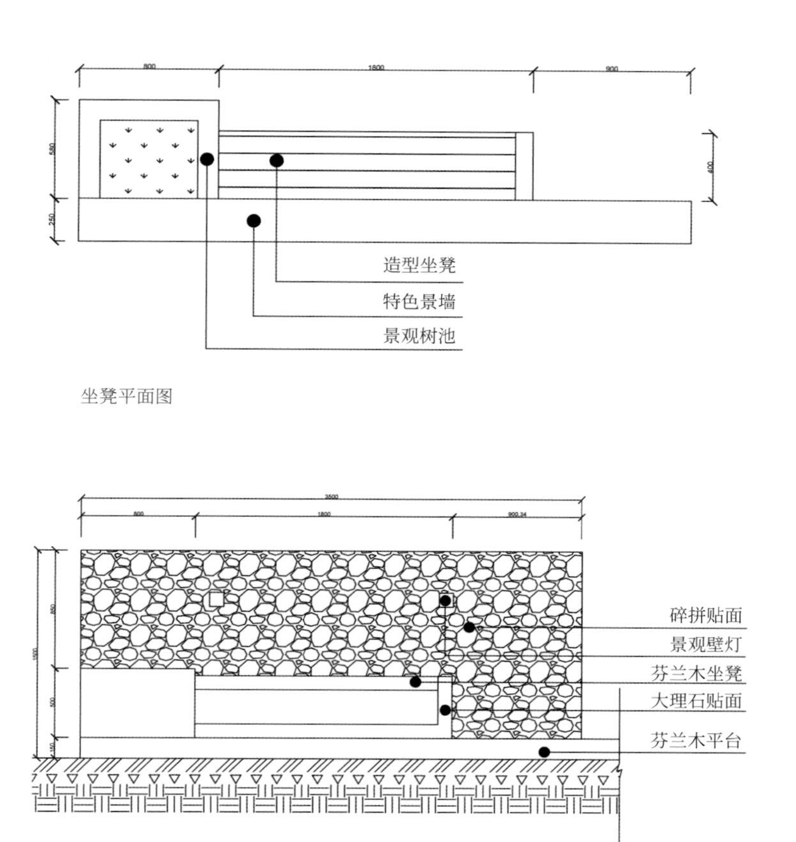

坐凳平面图

景墙立面图

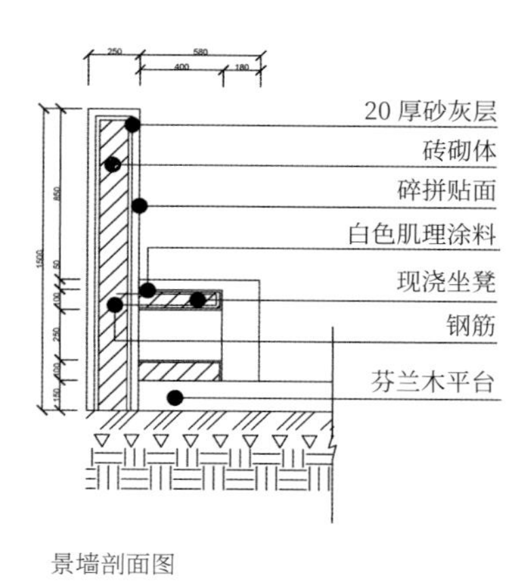

景墙剖面图

图书在版编目（CIP）数据

庭院设计与施工全书 / 石艳主编 . -- 南京 : 江苏凤凰美术出版社 , 2023.7
ISBN 978-7-5741-1054-0

Ⅰ . ①庭… Ⅱ . ①石… Ⅲ . ①庭院－景观设计－工程施工 Ⅳ . ① TU986.2

中国国家版本馆 CIP 数据核字 (2023) 第 107049 号

出 版 统 筹　王林军
策 划 编 辑　段建姣
责 任 编 辑　孙剑博
责任设计编辑　韩　冰
装 帧 设 计　张仅宜
责 任 校 对　王左佐
责 任 监 印　唐　虎

书　　名　庭院设计与施工全书
主　　编　石艳
出版发行　江苏凤凰美术出版社（南京市湖南路1号　邮编：210009）
总 经 销　天津凤凰空间文化传媒有限公司
印　　刷　雅迪云印（天津）科技有限公司
开　　本　889 mm × 1194 mm　1/16
印　　张　10
版　　次　2023年7月第1版　2023年7月第1次印刷
标准书号　ISBN 978-7-5741-1054-0
定　　价　128.00元

营销部电话　025-68155675　营销部地址　南京市湖南路1号